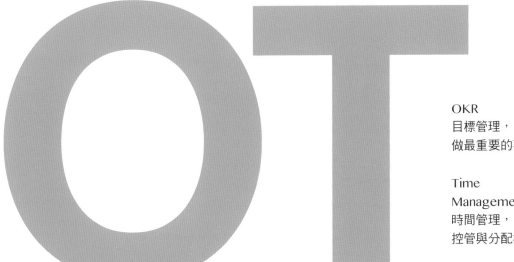

OKR
目標管理，
做最重要的事

Time
Management
時間管理，
控管與分配好時間

敏捷工作法

拿回績效主導權，讓工作做得更快、更好、更有價值

Project
Management
專案管理，
有效的計畫與執行

Retrospective
回顧活動，
檢視過去的成果

商業思維學院院長
游舒帆(Gipi)　著

推薦序 /
對你足夠重要的事，得用盡方法讓它發生

現代人實在太忙了，所以市面上教大家如何高效生活、做好時間管理的書籍還真的不少，大致可以分成兩種類型：

1. 給大家一個工具或框架，教大家一步一步套入的方法。

2. 引用某些知名專家的時間管理故事，若你也能做到，那麼你可能也會這麼成功。

但如果你正苦惱於明明用了工具，也照了書上的方法實踐，卻發現原來真實的世界不如你所想像的那樣一帆風順，它就是會有各種變化，每天考驗著我們以為萬無一失的計畫和慣性，那麼，你一定要讀讀 Gipi 的這本書。

Gipi 從大部分人都很熟悉、日常中每天都使用的「行事曆」切入，帶著大家一步一步解析和探討 OTPR，解答為什麼我們明明排了計畫，結果還是充滿了瞎忙一場、心裡交瘁的無力感？

這是一本集時間管理、目標管理、時間管理、敏捷精神的實戰指導手冊，Gipi 用他與同仁 Joseph 的問答和教練過程，深入淺出將許多不容易描述的抽象觀點，詮釋的非常直白，非常流暢而且看得很過癮，根本是職場現形記，若不是有滿滿的實踐經歷，是萬萬不可能寫的這麼精準。

我蠻建議讀者在快意享受閱讀的過程中，不妨特別關注以下兩項我覺得此書特別珍貴的部分：

1. 在 OTPR 每一章節的管理方法中，Gipi 點出許多迷思：像是績效不佳的三大誤區：（目標誤區、價值誤區、分工誤區……）總讓我在閱讀的過程裡拚命點頭如搗蒜。

某提神飲料的廣告：「明啊仔的氣力，今啊日呷你傳便便。」

我常開玩笑的說：「明阿仔的窟仔，今啊日呷你挖便便。」

很多時候並不是方法不對、工具不好，而是我們的慣性就是會讓我們掉進某些誤區，更可怕的是我們在掉坑的次數一多，竟然會自動習以為常，以為這就是人生的一部分。

當然，如果有能力，誰不希望能夠事先繞過各種坑？

一般來說這種能力的養成有兩種方法：一種是曾經掉過、或付出慘痛的代價，所以下次我就會特別小心；另外一種，就是花點時間好好的看完這本書，然後趕快在各種坑的附近插上警告標示。

2. 如果你正在尋找如何成為優秀主管的方法，那麼更不能錯過此書，在 Gipi 與 Joseph 看似輕鬆的問答中，藏有太多太多值得主管們深思和學習的典範，問問題的順序精準點出盲點的關鍵，示範了主管準確的判斷能力，除此之外，協助員工從可怕的地獄中解放出來，同時柔軟而堅定、引導但不命令。

在本書中，大家可以看見一個主管看待問題的格局和魅力。書中有一段我特別喜歡的話：「如果一件事對你足夠重要，你得用盡各種方法讓它發生。」祝福各位讀者在美好的閱讀時光之後，重新拿回對自己重要人生的主導權。

李君婷（識博管理顧問（大人學）資深顧問）

推薦序 /

讓人看不到車尾燈的祕密

還記得剛認識 Gipi 時，就發覺他很「高效」，不僅技術領域上有傑出的成就（微軟最有價值專家），還能在忙碌的工作下，持續寫作與分享，甚至 2020 年還創辦了「商業思維學院」培育英才。感謝 Gipi 不藏私的將他多年以來實踐的高效工作法寫成了這本《OTPR 敏捷工作法》，才發現這就是他「讓大家看不到車尾燈的祕密」。

面對這個「霧卡」（VUCA）時代，敏捷思維逐漸受到大家重視，然而很多人都只學到敏捷方法的「術」（方法論），無法深入了解敏捷的「道」（精神）。常常看到很多人爭論「敏捷」vs「專案管理」哪一個比較好？「KPI」vs「OKR」該使用哪一種？由於 Gipi 熟悉各種方法，我在他身上看到了「役物而不役於物」的最佳實踐。書中 Gipi 的「高效工作法」不僅善用了 OKR 的精髓，更運用了專案管理的資源調控、時間管理，搭配著敏捷方法的「個人回顧」（Retrospective），以一週為一個「衝刺」（Sprint）快速迭代。透過 Gipi 的高效工作法，如果你每週迭代都進步 0.01，一年下來就會是一年以前實力的 168%。

多年前讀到了史蒂芬 柯維的《與成功有約－－高效能人士的七個習慣》，個人認為其中三個最為重要：「以終為始」、「要事第一」、「不斷更新」。再次驗證，Gipi 的高效工作法更是與《與成功有約》相呼應。

．「以終為始」：OKR，設定清晰且具體的個人短／中／長期目標。

．「要事第一」：運用時間管理（找出輕重緩急與排好優先順序）與專案管理（掌握可用資源，擬定可行計畫）。

・「不斷更新」：持續回顧復盤，從經驗中學習，讓自己不斷成長。

　　大家都想要「又快、又好、又有價值」，相信讀者讀完這本《OTPR敏捷工作法》後，應該就可以了解「更快、更好、更有價值」的祕密是什麼了！

黃國瑜 Vince Huang

（**KKTV 產品總監 & 元智大學資工系兼任教授**）

推薦序 /
如果你不主動管理時間，將會被取代

「你的行事曆，長什麼樣子？」在看完這本書之後，我不斷地與同事與親友討論著這個話題。是（A）行事曆上有滿滿的行程，還是（B）只排了會議行程？

無論你的答案是（A）還是（B），這一本書都可能帶來全新的觀點，讓你重新審視自己與時間之間的關係；原來，我們其實擁有另一個行事曆，除了所熟悉的既有行事曆，還有一個隱形著、將實際行程還原的「真實行事曆」。如果我們將實際上所發生的行程重新記錄，仔細分析計畫與實際之間的「預期不符」並擬定計畫，我們自然創造了每天變得更好的契機。

「如果你不主動管理你的時間，別人將會取而代之」是一句我在麻省理工求學時所習得，影響非常深的一句話。而 OTPR 工作法，能讓我們從被動轉主動，也讓能創造的價值更加具體。

相較於許多偏向理論的工作法，OTPR 與眾不同，一方面，其根基於 OKR、時間管理、敏捷管理等經過大量驗證的方法，一方面，經過 Gipi 過往十多年不斷地迭代升級與淬煉，也因此，OTPR 工作法擁有一個非常少見的特性：「簡單」。

因為「簡單」，這工作法不只適用於個人，也是讓我相見恨晚的「團隊工作法」。綠藤是一個以 OKR 進行目標管理的組織，而部分團隊也以類 Scrum 的模式進行敏捷專案管理，我們熱愛 OKR 所創造出團隊間的透明，與讓每人工作連結到使命的一致性，也喜愛敏捷所帶來的彈性、團隊氛圍、與有效產出；然而，OKR 與 Scrum 的導入與學習需要不少資

源的投入，兩者如何串聯更需要根據組織的特性調整，並不容易。OTPR
基於簡單的特性，將兩者的部分精華有效連結，更美好的是，不需要任
何軟體、顧問，單單 Google Calendar 已經足夠，在團隊實務上可快速導
入、有效建構共同語言，是非常符合 VUCA 時代的工作模式。

在我心目中，Gipi 是一位難得一見擁有個人知識體系的領導者，很
高興看到這本書的問世，將 Gipi 所信仰的商業思維帶給更多讀者們。

鄭涵睿 Harris Cheng（綠藤生機共同創辦人暨執行長）

推薦序 /
用 OTPR 工作法，抓回人生的主導權

　　如果要說是什麼工作上的觀念，影響了我的一生，我會說是「敏捷」。

　　那時我是公司一個未來重要產品線的產品經理，我們的新產品已經做了兩年，還是難產，包含我以及工程師們，在這個專案中都痛苦萬分，充滿無力感。

　　在專案之初，眾人賦予這個新一代的產品很高的期望，希望這個產品能解決過往的產品的種種問題，成為帶領公司下一個十年成長的「明日之星」。我接下這個專案時，也做了詳盡的計畫，針對過往產品缺點的分析、蒐集各個利害關係人的建議、重要客戶做使用者的訪談，但是在開發過程中的種種預想不到的變數，讓我們的計畫一滑再滑，給顧客的承諾也一再跳票，而且過了兩年，市場不停有新的需求加入，我們都覺得這個產品上市之日遙遙無期了，非常讓人無力。

　　當時求生的我們，發現了「敏捷」這個概念。

　　一開始看到「敏捷」，認為是讓產品能更快上市的方法，因此很興奮地開始嘗試，實際執行後才發現，能達到「敏捷」的原因，並不是「把事情做得更快」，而是：

　　1. 從商業價值出發，切分每個任務的優先順序，任務要切分到能夠兩週完成一個版本的大小，並能獨立驗收。

　　2. 從最重要的任務開始，一次只專注完成一項任務。

　　3. 完成之後，產品放到市場上尋求回饋，並快速地修正迭代。

在這樣執行之後，我們團隊專注的目標變得清晰，和市場溝通的方法以及節奏也建立起來，透過重新檢視目標，我們發現許多「許願」，在專案進行兩年後早已經不是需求，許多比較晚排程進來，所以優先順序往後放的功能，反而是目前市場上需要的功能，我們很快地將需求收斂、同步團隊，快速地推出第一個版本到市場上，驗證我們的假設。

　　之後，敏捷專注於目標、優先順序，以及快速驗證、回顧、迭代優化的觀念，除了在專案上，也內化成我生活的方式，我學會掌握主導權，並蒐集反饋，自我改進，一天天朝著自己想要的方向變強！

　　這過程累嗎？是累的，但是你會覺得累得有意義，因為你花的時間總是在實現自己的目標，而非被其他人拖著走，總是為了回應他人而活，而且，你很快能感受到自己的進步。

　　在和 Gipi 一起運作商業思維學院時，我看到 Gipi 進一步將敏捷的方法論，針對「個人工作」，為學院同學開展出了 OTPR 工作法（OKT, Time Management, Project Management, Retrospective），融合敏捷的觀念、本身的經驗，以及商業思維學院的實作課內容，做出這一套可以執行、已確認成效的做法，而且用非常實務的案例解說，好像 Gipi 就在旁邊陪著你一起檢討、迭代。我相信如果能持續利用書中的做法，你也能抓回人生的主導權，將自己打造成滿意的好產品。

蔡伊芳 Evonne Tsai（商業思維學院產品社導師）

自序 /
執行一個月就能看到成效的工作法

　　這本書是我個人的第三本著作，在撰寫本書時正好是我事業最忙碌的時候，因為「商業思維學院」的成立，我全部的心力都放到學院的經營上，忙得不可開交，但心裡始終惦記著要把這本書完成，因為我認為這本書中談到的工作法可以協助很多職場工作者把工作做得更好、讓生活過得更好。

　　創辦商業思維學院以來，除了每天更新一篇文章加一則 Podcast，每個月還有三至四堂的線上課程由我講授，爾後又成立了八個社團，每個社團每個月也都有一堂課。此外，為了堅持知識不僅要學得會且用得上，帶領同學做 case study 跟 hands-on project，這些事情都需要事先思考、規劃，並逐一執行。

　　同學們總是好奇，在這麼忙碌的狀況下，我到底是如何做到每天接送小孩上下學，每個月看十至二十本書，每週還要和好幾組同學討論事情，並兼顧好生活的？

　　關於這點，我確實有一套自己的方法。過去我用授課的形式將這套方法傳授給同學們，而今天，我將這些內容轉化成文字，用這本書來向大家分享我是如何運用 OTPR 工作法，讓自己在超級忙碌的創業過程中，一邊做好工作，一邊兼顧學習，還能一邊顧好生活。

　　這本書能完成，除了感謝家人對我的支持外，也要謝謝 Pierce、Mia、林靜、小龐、小可、Yuwei 以及眾多學院的同學們在使用過這方法後給我很多回饋，讓我看見這套工作法的其他用法，進而把這套工作法修改成更適合普羅大眾使用。

　　如果你跟我一樣都是屬於超級大忙人，或者面臨在工作與家庭間的夾殺，我非常推薦你看看這本書，並開始運用本書提到的工作法，我相信一個月後，你就會看見明顯的成效。

CONTENTS

前言 /
讓工作做得更快、更好、更有價值的祕密

　　出社會這些年，我的職涯發展算是順遂的，剛開始幾年，有些人說我「運氣很好」，總能碰到賞識自己的老闆、有機會碰到很好的同伴，也有機會接下公司重要的產品線或職務。還有人認為我的「運氣好」，是身邊不會有很多怪同事為我帶來種種麻煩。

　　我也覺得奇怪，明明我們都在同一間公司、面對同一群老闆，為什麼我會比較好運呢？

　　後來幾年，開始有人問我「為什麼」？

　　「為什麼老闆特別容易買單你的提案？」

　　「為什麼你工作起來總是游刃有餘？」

　　「為什麼你敢一直嘗試各種新事物？」

　　「為什麼我們溝通無效的事，你很容易就搞定了？」

　　短短幾年的時間，大家問我的問題不再圍繞著運氣，而是想要了解背後的「為什麼」。因為大家也知道運氣沒道理總是降臨在同一個人身上，這些好運的背後，一定有些原因在。

　　其實，我也曾過問自己：「我真的特別好運嗎？」

　　是的，我認為我特別好運，我的老闆願意給我機會，願意信任我、願意挺我；我部門的同仁們願意跟我一起奮鬥、跟我一起努力；橫向部門的同事們願意跟我合作、跟我一同面對客戶。我碰到許多人、許多事，讓我學習跟成長，我覺得自己運氣真的很好。

　　「為什麼我會這麼好運呢？」這是我曾經問過自己的一個問題。

　　有段時間有本暢銷書在談吸引力法則，講的是思維產生結局，你總

是往好的方向去想，最後會導致好的結果；總是往負面的角度想，壞的結果就會找上你。我試著問自己：「是什麼東西吸引了這些人，讓他們願意給我這些機會？」

我是個擅長歸納問題的人，我花了一點時間去歸納自己與那些說我運氣好的人之間的差異，接著我也去找了我當時的 Mentor 請教，問他：「為什麼您會願意一次又一次的給我機會？」。

他給我的答案我永遠都記得，他說：「最主要的原因，你是一個內部歸因的人，**內部歸因的人會從自己身上找答案，外部歸因的人則會認為一切都是別人的問題**，他無法控制；次要的原因是，**你有一套自己的工作方法，很高效，而且調整速度很快。**」。

我聽完之後恍然大悟，我在思考事情時確實會從自己出發。我出社會第二年，有一次我被業務部門的主管邀請進會議室，他劈頭就說我們的產品問題很多，挖苦我說：「好厲害耶，怎麼做到的。」

我點點頭，然後回覆他：「嗯，這個問題我今天會搞定它，剛剛你說問題很多，能讓我看一下有哪些嗎？我盡快處理掉。」

對方可能覺得我的反應不如他的預期，隨口說：「問題都反應在系統上了，你可以自己去看。」

我說了聲謝謝後離開會議室，前後我待不到五分鐘的時間，也沒有太多的情緒起伏。

所謂的「內部歸因」是，我知道對方講的是事實，我們系統確實不穩定，那個問題也是真實存在，他要用那種口氣說話是我阻止不了的，

所以「忽略」，是相對簡單的方法。

　　所謂的「內部歸因」是，我針對我的職責提出問題，並提供時程，我也真的會如期搞定這些事，先把自己該做的做到。

　　所謂的「內部歸因」是，思考自己可以如何解決問題，從自己身上找答案，而不是試圖推給其他人。

　　如果覺得對方說話不客氣，想想自己可以怎麼處理，如果你想反嗆回去，那也可以思考一下怎麼做更為恰當。以我自己來說，當我把自己該做的事情做得很好，別人來瞎扯我也不會跟他客氣；如果對方做得很糟還來踩線，那我也有方法讓他承擔他應該承擔的責任，差別只在那方法要用或不用。

　　內部歸因不是軟弱或避談他人的責任，而是一種從自身出發找答案的態度。

　　所以我很少去談我主管怎樣，也很少講橫向部門如何，我就是專注於解決問題，持續調整自己的做法直到問題被解決，我對自己要達成的事永遠都是全力以赴；如果目標沒達到，那是我的問題，如果別人不願意配合我，那也是我要解決的問題。

　　改變自己容易，改變別人是困難的，但當我改變，別人有時也會發生改變。

　　我反過來看看那些說我運氣好的同仁，我發現他們在面對問題時很容易把原因歸咎於外力，例如「老闆這樣說我也沒辦法」、「橫向部門不配合我又能怎麼樣」、「碰到一些怪員工真是倒楣」，他們認為這些

事情的發生都是因為自己「運氣不好」。

「老闆這樣說我也沒辦法！」

我會去理解老闆背後的考量，試著平衡期待與現實之間的差距，有時沒辦法做得很好，但我會不斷想方法。

「橫向部門不配合我又能怎麼樣？」

我會去找一個彼此能溝通的方法，如果需要讓利給對方，那就評估一下自己是否願意，我不會放著這件事就這樣不處理。

「碰到一些怪員工真是倒楣！」

我會試著理解這個員工的狀況，如果真的性格古怪或不適任，那我會檢討招募或管理過程是否出了什麼問題，放著不處理，永遠不會是我會採取的方法。

至於老闆提到我有一套好的工作法，我當時覺得我的工作方式並不特別，我只是做得比較認真。例如我認為學了就要用上，用了之後才知道哪邊有問題，最後我會為了解決這些問題去找方法，把方法愈調愈順。

我學了專案管理，我就用得很深入；學了時間管理，我就認真的去思考時間；接觸敏捷，我就試著調整自己的做事方式，這種工作習慣久而久之就成了我個人的工作法。又快、又好、又有價值在短期內可能難以達到，但更快、更好、更有價值則是我工作中不變的追求。

凡事找方法，這是我一直以來奉為圭臬的工作守則，當你想要解決問題，你就會更容易找到解法，心態上先調整好，再輔以好的工作法，我們就可以將運氣成分降到最低了。

PART 1
為何多數人
無法為自己的績效負責？

- ⭐ 價值誤區：以為有做事就有價值，錯把苦勞當功勞
- ⭐ 目標誤區：錯把手段當目的，與老闆的目標出現嚴重分歧
- ⭐ 分工誤區：將自己的績效寄託於老闆、同事身上
- ⭐ 高能低效：能者多勞，無止盡的低價值循環

　　多數的職場工作者，都知道自己要做些什麼，例如業務開發、客戶服務、行銷企劃、程式設計；其中有一部分人可以說出為什麼要做這些事，還有另一部分人可以清楚的說出工作價值，但是，往往只有很少比例的人敢大聲說出「我可以為自己的績效負全責」。

　　我見過非常多職場工作者，工作非常辛苦，壓力大、工時長、配合度高，但績效始終不如預期。而我在和他們聊的時候得知他們對這樣的狀況也非常苦惱，卻不知如何是好，因此，我根據他們的狀況，整理了四個常見的思維誤區，就讓我們來檢視一下你踩中了幾個吧！

價值誤區：以為有做事就有價值，錯把苦勞當功勞

「我做的很辛苦，為什麼老闆不懂呢？」

這是很多職場人士的心聲。然而，我們有做事不見得就能創造價值，**價值是源自於我們對某件事產生具體的影響。**

做了一次銷售工作不是價值，增加銷售額才是價值；開了一次會議不是價值，會議後和合作夥伴締結了合約才是價值；接聽客戶電話不是價值，解決客戶問題才是價值。

重點是做這件事情之後，產生了什麼影響。

價值得有明顯的產出成果（outcome），而不是完成一件事（output），做每件事情時，如果從來不問這件事的價值，那很多時候我們總會白忙一場。

✪ 你的價值決定你的價格

日本企業家稻盛和夫在京瓷公司推動的阿米巴經營，用獨立核算單元的方式讓所有員工都具備經營思維；巴西塞式企業（Semco）推動了自組織經營，所有員工自行決定薪酬、上班時間與績效，讓員工對自己的成果負責；美國 Netflix 要求所有員工必須要了解公司經營的大小事，要能清楚說明每個專案的價值，以及為何而做；大陸公司海爾電器，從 2005 年開始推行人單合一模式（人指「員工」，單指「客戶價值」），強調每個員工都應該要直接面對客戶，創造客戶價值，並從客戶的反饋來決定你的薪酬與獎金。

這些事情公司都會清楚的告訴員工什麼才是真正有價值的，如果你的老闆不曾跟你溝通這件事，那你得先理解商業運作的本質。

我在《商業思維》一書中曾經談論過商業的本質，並提到數據脈絡

的概念（如下圖），基本在脈絡上愈上層愈接近老闆想像的價值。

　　請試著回答這個問題：「請問你手邊負責的工作，可以對應到數據脈絡的哪個節點？」是能直接影響利潤，還是帶來收入，或者提升客戶回購率。

　　如果你無法將手邊的工作對應到數據脈絡上，那你所做的事情對公司的價值可能是相對低的，必須有所警惕。

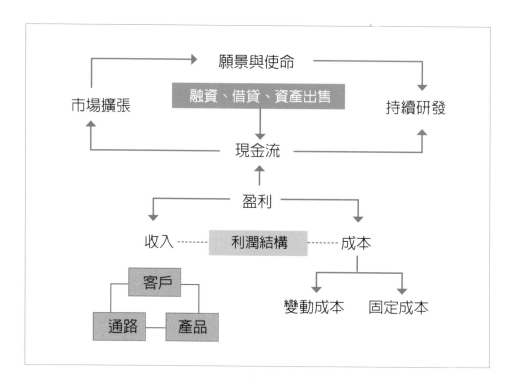

目標誤區：
錯把手段當目的，與老闆的目標出現嚴重分歧

「這是老闆說要做的，我也都做到啦，但老闆卻說我績效不好。」

員工跟老闆之間總有一條思維上的鴻溝，老闆覺得員工無法站在自己的角度思考，員工心裡也想著老闆為何不把目標交待清楚。

已故哈佛商學院教授西奧多・萊維特（Theodore Levitt）曾說：「**人們想買的並不是 1/4 英吋的鑽孔機，而是牆上 1/4 英吋的那個孔。**」

這句話我相信大家都曾耳聞過，消費者的目的是有個 1/4 英吋的孔，讓他可以掛上吊鉤或其他擺設，只要能弄出 1/4 英吋的孔的方法都可以，**而用鑽孔機鑽只是其中一種方法。**

有篇網路文章提到，有一天公司的 CEO 交代一位員工去幫他買兩隻螃蟹回來，這位員工聽命行事，到市場去買了兩隻新鮮的紅蟳回來，老闆一看他用菜市場的袋子帶了兩隻紅蟳回來，劈頭就罵這位員工，他要的是大閘蟹，是要送人的。

這位員工覺得自己真的很倒楣，老闆自己沒講清楚，怎麼反過來怪他呢？他摸摸鼻子自認倒楣離開了老闆的辦公室。

老闆此時又叫了另一位員工小陳進他辦公室，交代他去買兩隻大閘蟹，並說明這是要送人的，此外，也要小陳順便買兩瓶洋酒回來。

小陳聽到老闆指示，沒急著動作，而是先問了幾個問題：「老闆，請問需不需要在禮盒上加註任何祝賀詞？如果我買重量重一些的，份量足、誠意夠，您看看這樣是否恰當？」

老闆聽了覺得很有道理，便回：「好，大的好，然後這是要送我岳父的，他非常愛吃大閘蟹，上次我買去送他的他特別喜歡。」

　　小陳又問：「還是老闆您告訴我上次您買的那家店，我到那邊去買，您岳父如果喜歡上次那間的大閘蟹，這次又能再吃到肯定更開心。」

　　老闆聽了點點頭，表示沒問題。小陳接著問：「老闆，請問洋酒也是要送給您岳父的嗎？」

　　老闆說：「那是要給劉董的，上次我們碰過面，你知道的那位，他上次來找我送了我兩瓶酒，我想說要回送一下，你幫我看看哪些酒送人比較恰當，價錢的話，稍微貴一點沒關係，誠意比較重要，要抓個費用的話，那就控制在五萬塊吧。」

　　小陳說：「好的，我知道附近有間洋酒行，我來處理，那我一樣包裝好寫上祝賀詞，老闆您看這樣是否還有什麼需要交代的。」

　　老闆想想：「沒有了，你處理得很好。」

　　像這種案例，在職場上層出不窮，幾乎每天都在發生，像小陳這種人常被其他人評價為「會拍老闆馬屁」，然而實際上他是更懂得如何提問，透過提問將老闆背後的目標識別出來，才不會像前面那位員工一樣，做了許多事，但卻沒有達成老闆的期待。

　　在工作場合中，請務必把重點放在背後的目標上，才不會總是白做工。

分工誤區：將自己的績效寄託於老闆、同事身上

「如果你的績效沒達成，請問主要的原因是什麼？」

這個問題是我在帶領組織轉型或策略規劃工作坊時很常問的問題，各位也可以猜猜最常見的答案是什麼？

就是「合作部門的配合」。我發現業務部門會說產品部門能準時上線產品，並且還要確保品質；產品部門會說業務部門不要提一些客戶根本不需要的鳥需求；客服部門會說業務部門不要亂接案子、技術部門處理問題的速度要提高；研發部門會說人力資源部門招募速度太慢；人力資源部門則會說行銷部門管理失當、人員流動率太高……。

大家都在檢討別人，我以前帶領的研發團隊，在我剛接任時他們是這麼跟我說的：「我們程式品質不好，工作量太大，專業不受尊重，這些都源自於業務部門亂提需求、亂壓時程。」

我問他：「那我們有什麼方法解決這些問題呢？」

他頓時語塞說：「其實我也不知道。」

我告訴他：「你能想到哪些是我們改變作法後，對方也非得改變的嗎？把改變的主動權拉回自己身上。」

他告訴我他想不到怎麼做，我告訴他：「如果你覺得對方壓的時間不合理，那無論如何得溝通，如果你覺得他提的需求很爛，那你就反過來提一個更好的。」

他說：「但那是業務部門的責任。」

我說：「不管是誰的責任，當他沒有做好該做的事，受傷害的始終是我們，什麼都不做，那就是繼續受傷害，但如果我們先針對問題解決，得益的也會是我們，你同意嗎？」

當公司成長到一定規模，分工開始複雜，部門與部門間、員工與員

工間的溝通變多，大家也都有自己的職責與 KPI，運作順暢時就會合作無間，若有問題時就多了可以推卸的對象，但這種工作上的相依性，也成了依賴。

當我的績效過度依賴他人時，其實我是缺乏績效主動性的，對方表現好我就好，表現差我就只能喝西北風。在職場上我們不只要管好上級，還要管好橫向部門，因為上級交辦的任務某種程度就決定了你的價值，而橫向部門則是為你實現價值的夥伴，你們得有相依性，但不能過度依賴。

高能低效：能者多勞，無止盡的低價值循環

「這件事情找 James 討論一下。」

「那個計畫問一下 James 的意見。」

「等等找 James 聊一下。」

公司裡面總有一個叫 James 的人是大家最愛找的人，最難搞、最繁瑣的工作常會落到這個人身上。他永遠有開不完的會、有喬不完的事、有準備不完的報告，老闆有事會想到他，同事有事也會想到他，這人幾乎沒有一天不忙的。

這人能力很強，但往往在處理一堆鳥事，他擁有核彈級的威力，卻總是在處理步槍等級的問題，只因為他能把這些事情處理得比別人更好。也因為他可以搞定這些問題，所有人都很習慣來找他，他只能被逼得在這種低價值的循環中度過。

他是不懂拒絕嗎？可能是。

他是不了解什麼才是他真正的價值嗎？可能是。

我們可能花了很多時間在解決別人的問題，但卻很少有機會專注於處理自己的問題，很多主管常說：「上班時間都在處理別人的事，只有下班時間才是自己的。」

要擺脫這種低價值循環除了靠老闆之外，其實還有其他方法，我們得透過自我回顧與復盤，並讓自己針對現況盡快採取行動才行。

上述這些問題，是許多職場工作者時常會出現的盲點，也是導致我們在職場上拚命加班卻難以展現價值的關鍵問題。若要解決這些問題，我們似乎有琳瑯滿目的東西得學，商業思維、目標管理、專案管理、時間管理、敏捷思維等等。然而，上述任何一個領域都需要透過長時間的實踐來累積經驗，或許得花上五年、十年，都難以速成。

　　過去我在職場擔任專業經理人十多年，指導超過五百位以上的部屬，從事培訓相關工作乃至於成立商業思維學院的這三年，參與過我的課程或接受過我指導的學生人數也超過五千人。我為了讓大家能普遍性的提高工作績效，除了傳授商業思維外，我也將自己多年來的工作方法加以設計，讓大家有機會借鑒我的經驗加速成長。

PART 2

拿回自己績效主導權的
OTPR 敏捷工作法

✪ 什麼是 OTPR 工作法？目標（O）、優先順序（T）、
   專案管理（P）、回顧與復盤（R）

這套工作方法我稱之為 OTPR 工作法，OTPR 是四個工具的縮寫，分別是：

O：OKR, Object and Key Results，這是一套發展自 Intel 的目標管理工具，確保我們總是在做最重要的事。

T：Time Management，時間管理，妥善的做好時間分配與控管，讓我們不窮忙。

P：Project Management，專案管理，有效的計畫與執行，確保事情能如期、如質、如預算交付。

R：Retrospective，回顧活動，檢視過去這段時間做得好與做不好的地方。

OTPR 是一套結合**目標管理、時間管理、專案管理與敏捷思維**的工作法。這套工作法將協助我們定義出有價值的目標，並讓自己有效的做好時間規劃與安排，並透過專案管理的技巧來執行與修正我們的計畫，並在每個計畫交付後做好完善的回顧與檢討，確保我們可以愈來愈進步，持續改善。

過往要學習 OKR，總是苦於自己並非公司經營管理層，必須由上層決定好目標後才交辦到自己手裡，無法為工作設定目標；想學習時間管理，又覺得自己的時間都由老闆排妥，工作計畫也時常在改變，有做時間管理與沒做之間似乎沒有很明顯的差異。學了專案管理，手上也不見得有案子可以馬上演練，但沒有歷練足夠多的案子，實在也很難成為一個非常稱職的 PM。

而當我們日常工作中遭遇到上述三種困境，回顧活動就會流於形式。不信的話請你回顧一下自己過去三個月哪些地方做得好？哪些地方做不好？再拿近半年的回顧兩相對照，你會發現自己這半年來的進步幅度非

常有限。

　　觀察一下你身邊那些進步神速的人，試想，你跟他在同樣的環境下，做著類似的工作內容，為什麼有人半年就能進步很多，而自己半年卻只有些微成長呢？

　　我認為核心的差異在**思維與工作法**，關於工作思維，請參考我上一本著作《商業思維》。而工作法則是本書所要跟大家探討的 OTPR 工作法。

什麼是 OTPR 工作法？目標（O）、優先順序（T）、專案管理（P）、回顧與復盤（R）

在深入談 OTPR 工作法之前，我想先請問大家一個問題，請問「你的行事曆更接近下圖的哪一種？」

☐ A. 行事曆上有滿滿的行程

☐ B. 只排了會議行程

A.排滿了行程

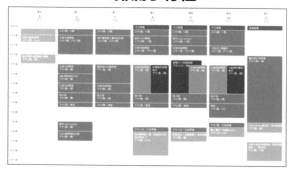

B.只排了會議行程

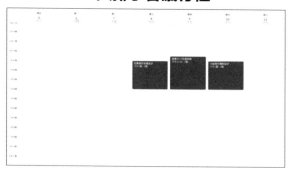

回答 A 的朋友，首先我要稱讚你，你應該是一個很有計畫性的人。但請緊接著思考我下一個問題：「請問在這麼有計畫性之下，每週的行程有多少比例是按著你的計畫發生的呢？」

　　回答 B 的朋友，我要稱讚你的勇氣，因為你竟然可以在沒有計畫的情況下開始每一天，這高度仰賴你的隨機應變能力。但也請你回答我下一個問題：「請問每週、每月，你是否清楚自己完成了些什麼？創造了什麼價值？或者簡單的回答我，你還記得你上個月做了什麼嗎？」

　　我相信你大概只能憑感覺來回答這個問題。

　　相較於 B 的狀況，A 在回顧自己過往這段時間所做的事情時一定更加清晰，因為他有較多的「數據」可供參考。

　　曾有一位創業多年的老闆告訴我：「顧問，我挑選產品的經驗很多，基本上我選中的商品都會大賣。」

　　我問他：「真厲害，請教一下，一般來說每十個商品你會選中幾個爆品（大賣的商品）呢？」

　　他說：「十個裡面沒有中九個也有八個。」

　　我說：「如果是這樣子，那你們業績出了什麼狀況，怎麼會持續往下坡走？」

　　他認為是因為廣告難投，削價競爭激烈，我告訴他：「不論你過去選品有多準，產品銷量下滑是個不爭的事實，而產品銷量下滑也意味著爆品的比例正在降低，你知道原因嗎？」

　　他搖搖頭表示不知道，我請工程師幫忙拉出這兩年來的爆品比例，發現從去年開始，平均每十件就只出現五至六件爆品，而今年更降到四至五件左右，最慘的時候，十件裡甚至只有二至三件是賣得不錯的。

　　這位老闆看完數據後，不好意思的說：「原來數據早就知道，我的感覺欺騙了我。」

　　感覺是一個「概約的數據」，是未經整理，更新頻率也不一的數據。在環境變化不大的情況下，按過去經驗來假設現況，命中率可能還挺高的。然而當外部環境在變，過去經驗將與現況有較大的脫節，我們必須透過其他方法來更新我們對事實的認知。

　　在商業環境中，我們可以依賴數據做出較精準的判斷，進而優化流程或做法。而在個人工作的優化上，我們除了仰賴商業數據來調整大方向外，還可以透過每週的行事曆計畫來持續優化我們的工作產出價值。行事曆上的計畫就是一種數據，這些數據記錄了我們「做些什麼」、「工作量如何」、「最常在什麼時段做什麼事」等等。

　　假設想知道自己過去一個月花了多少時間在開會，經過統計後發現你有 40% 的上班時間都在開會。（如下圖）

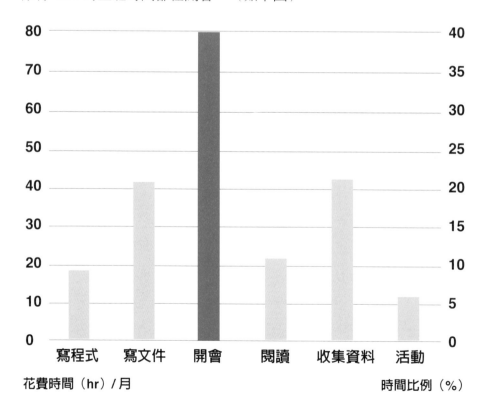

花費時間（hr）/ 月　　　　　　　　　　　　　　　時間比例（%）

你試著想減少自己的會議時間占比到 30%，所以每週排行程時減少了二個會議，一個月後你再統計一次會議所花的時間，發現終於減少到 30% 的時間，這就是時間的優化。工作價值的優化，也是生活品質的優化。

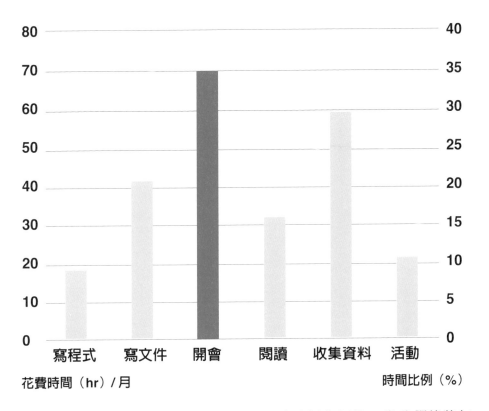

花費時間（hr）/ 月　　　　　　　　　　　　　　　　時間比例（%）

　　OTPR 工作法將運用每週的行事曆做為優化標的，當我們能將每一週活得更有價值，且一週一週的進步，時間拉長來看我們一定會愈來愈好。

　　OTPR 的 R 指的是 Retrospective，也就是回顧與復盤的意思，透過檢視過去這段時間哪些地方做得好與待改進的地方，讓我們可以調整作法。

而週行事曆的統計與檢視，讓我們可以在具有「數據」的情況下客觀看待自己每週的行程。

不過，在安排週行程時也很容易遭遇到兩個比較大的問題。

第一個問題是**排計畫好困難**，因為有時候根本不知道自己這週要做哪些事情，要完成哪些任務，以及交付哪些成果，所以就只能等待主管來安排；第二個問題是**變化性太大**，老闆時常插單，同事常常 delay 他的工作影響到自己，計畫有排跟沒排一樣。

而這正是 OTPR 工作法中的 P 要告訴大家的，P 代表的是 Project Management，我想跟大家談論的是做計畫與控計畫的能力。當我們能做出妥善的計畫，而且扎扎實實的執行，並妥善處理過程中每個變更（意指與計畫不同的地方），如期如質將工作任務完成將不再困難。

然而，完成計畫不是意味著創造價值，也不是意味著我們完成了當下最重要的事情，我們需要進一步優化時間的運用，將更重要且更有價值的事排進計畫中優先處理，而非總是著眼於緊急的任務。重要而不緊急的任務在時間寬裕的狀況下，我們的不予理會並不會帶來太嚴重的危害，然而隨著時間的逼近，團隊所承受的壓力會愈來愈大，而這些漸大的壓力往往就是打亂工作節奏的罪魁禍首之一。積極面對，往往是較正確的做法。

所以 OTPR 工作法的 T 代表的是 Time Management，也就是時間管理，我將帶大家用科學化的方法去判別工作的優先順序。而優先順序很大一部分取決於公司與團隊的目標，這就是 OTPR 中的 O 所要跟大家談的。我們將以 OKR 做為工具來協助大家掌握目標設定的方法。

有了具體的目標（O），也掌握了事情的優先順序（T），並運用專案管理的觀念來排妥計畫與掌控進度，讓有價值的事情一件件被交付（P），最後透過回顧與復盤經常自我檢視（R），我相信一個月後你就

能感受到明顯的改變，三個月後你會發現自己有長足的進步，只要半年時間你會在工作上的主控權愈來愈大，能創造的價值也相對具體，此時，你就真正邁入高績效人士的行列中了。

O-OKR, Objective and Key Result
設定清晰且具體的組織／個人目標與成長／短期目標

T-Time Management
運用科學化方法，有規則的排出優先順序

P-Project Management
運用專案管理技巧，擬訂可行計畫，並做好應變準備

R-Retrospective
回顧復盤，從經驗中學習，讓自己持續精進

PART 3

OTPR 敏捷工作法的
具體示範

- 先擬定週計畫，找到工作的優先順序
- 工作分類：緊急任務、插單工作、規劃或執行缺失、自發性任務變更
- 提早規劃協同性工作：了解他人的原則，同時讓對方理解你的原則
- 有效持續運用 OTPR 工作法

　　從目標出發，逐步展開計畫，這是 OTPR 工作法的標準流程，不過在我過去經驗中，先從計畫下手是一個比較容易的切入點，以下我便以過往我在指導同仁時常用的手法，並運用一個實際案例來示範 OTPR 工作法。

先擬定週計畫，找到工作的優先順序

過往十多年，我的團隊總是負責新產品、新業務，或是快速成長的產品線，不僅工作節奏快，工作量也大，很多時候我們都被工作壓著跑。我自己因為從出社會的第三年開始就一直運用 OTPR 工作法的原則在做事，因此對工作的把握度一直蠻高的。不過我發現團隊內的主管跟 PM 們卻總是忙到焦頭爛額。

某個星期一早晨，團隊內的一位產品主管 Joseph 找上我，他表示有重要的事情想跟我討論。我們在簡單閒聊後他迅速切入重點。

Joseph：「Gipi，我想跟你商量一下，那就是我們每個週二下午的例行會議能否不要開了？」

我好奇的問他：「為什麼？」

Joseph：「因為我花在會議上的時間太多，忙到都沒時間做事了。」

Gipi：「我們本來為什麼要開這個會呢？」

Joseph：「因為要了解進度？」

我又問：「為什麼我帶的十多個團隊中只有你跟 John 的部門需要開週會，其他部門只有必要時我才要跟他們開會，原因你清楚嗎？」

Joseph：「知道，因為我們兩個部門的團隊穩定度比較低，而且這一季我們都要搞定一個蠻重要的任務。」

Gipi：「對啊，如果不是這樣子，我也不想開會，不過既然你提出了這個提議，那我可以好好來討論一下這個議題。你能告訴我，我們在會議中主要討論的內容是哪些，然後我經常提問的又是哪些問題嗎？」

Joseph：「當然可以，多數時候我會報告專案的進度狀況，遭遇到哪些問題，以及已經看到的風險有哪些，又有哪些需要協助的。然後你會針對進度狀況進行細節提問，也會確認橫向部門的進度掌握跟溝通是否

做到位，然後也會想了解團隊中某幾位同仁目前的工作狀況。」

Gipi：「差不多了，那你知道我為什麼會問那些問題嗎？」

Joseph：「你除了想掌握我們目前的進度狀況外，也試著透過問題來提醒我們哪些事情很重要，得特別留意。」

Gipi：「對，開會的目的在解決問題，所以如果你可以在不開會的情況下讓我掌握進度，然後把我可能會問的問題都提早告訴我，我們其實是可以不開會的。要不就試試看，下週會議那天早上，你把本來在會議中要報告的內容，以及我可能會提問的回答發給我，如果我看完郵件後沒問題，我們就不開會了，你覺得好嗎？」

Joseph：「是個好辦法，我來試試看。」

我緊接著說：「你剛剛說你最近很忙碌，有太多事情得處理。除了目前最緊急的專案外，你還有哪些事正在忙？」

Joseph：「專案的問題蠻多的，需要花比較多時間協調跟確認。然後團隊內的成員穩定度也不夠，常常需要溝通跟開導，三不五時也會有人打電話或者敲 wechat 給我，我得花蠻多時間在這些事情上，加上最近家裡小孩剛出生沒多久，真的超級忙碌。」

Gipi：「真的辛苦了，你時間軋得過來嗎？」

Joseph：「有點吃力，所以才想說來問問你能不能取消例行會議，讓我有機會多二至三個小時的時間做點自己的事。」

我拍拍他的肩膀跟他說：「嗯，你開一下你的行事曆，我來幫你找看看問題出在哪。」

他打開電腦，打開了他的行事曆，上面共有五個事件，全部都是會議。（圖1）

我笑了笑：「感覺不是很忙啊。」

他說：「因為我只有放會議的行程啦，還有很多事情在處理。」

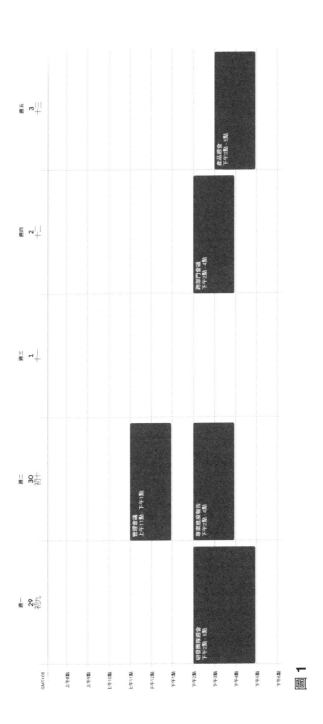

圖1

我問他：「週一早上你要做什麼事？」

他說：「一般來說都是整理一下上週的狀況，然後想想今天有哪些事情要處理。」

我又問：「那週三呢？整天都是空白，你要做什麼？」

他說：「不一定耶，有時是整理專案進度，有時會找人討論事情，有時會看看還有哪些問題得處理的。還有還有，有時也會處理一些老闆的交辦，或者業務部門的臨時需求之類的，總之，不會閒著。」

我說：「今天已經是週一了，然後你週三要做什麼你現在還不確定，這是不是哪裡怪怪的？」

他說：「不會啊，事情真的很多都處理不完。」

我說：「你能不能花五分鐘把你這週要做的事情，先排入行事曆，包含你要準備報告、整理資料，以及跟成員面談的時間，都排一排，五分鐘之後我們再來討論。」

他不置可否，對這個要求感到不以為然，但還是點了點頭，開始進行計畫。

五分鐘後，我剛好講完一通電話，Joseph 也差不多完成了他的週計畫。（圖 2）

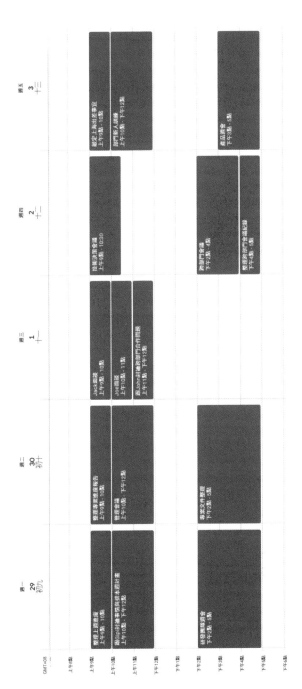

圖2

　　我請他解釋一下他的計畫，他逐一跟我解釋了他每天的計畫：

　　「週一，也就是現在，我彙整了上週的進度記錄，接著來跟你開會，目前看來會討論到中午左右，而下午會去參加研發的例行會議。

　　「週二，由於稍早討論出來的共識，我將下午的會議拿掉，但我在當天早上會花一些時間整理一下專案可能的問題，然後發郵件給你。十點我會去參加管理會議。

　　「週三，我安排找兩位同仁面談，以及跟 John 聊一下跨部門合作的一些事。下午我沒特別安排事情，我想說總是會有一些臨時且緊急的任務出現，我把週三下午當 buffer。

　　「週四，專案目前有一些技術問題得排除，我可能會在週四安排一場技術決策會議，盡快決定使用哪個技術。下午我會參加跨部門會議，然後會議後我會再整理一下跨部門會議中高層老闆們提到的議題，反正他們每次也都會要。

　　「週五，我下下週要去一趟上海，早上我可能會先處理一下去上海的事情。然後我們這週三會有一個新人報到，我想幫他安排一個兩小時的訓練，讓他可以更快投入一起工作。下午的話我會去參加產品週會。」

　　我聽完之後問他：「這些事情都是目前想到最重要、最優先要做的事情了嗎？」

　　他說：「也不是，但這些是我目前排得出來的，其他像是專案第二階段的 deadline 還沒確定，要做的範圍到哪也還不知道；然後老闆說要約我這週聊一下他對這個產品的想法，到現在也還沒跟我約；還有幾個人要跟我約開會，但我也一直還沒回覆他們。」

　　我說：「不過我覺得已經比本來好多了，好吧，你這週就先按這個計畫去做做看吧，下週同一時間我們再來討論你執行的狀況。」

典型誤區

　　像 Joseph 一樣，很多人都缺乏做計畫的習慣，總認為事情會一件一件的發生，這樣的問題不只發生在基層員工或幹部身上，連中高階管理者身上也是一樣。他們將自己的時間交託給自己的祕書或其他人，他們放任他人任意對自己發出會議邀請，放任其他人任意安排自己的行程，而不願去捍衛自己時間的自主權。

　　當你空著週二到週四的下午，別人就會想來預約你的時間，但那個時間你其實是有其他事情得處理的，但因為你缺乏計畫，所以行程上是空的，當你不安排自己的行程，那別人就會幫你決定行程。

　　你會很忙，但不會有太大的價值，除非幫你決定做什麼事情的人，很清楚怎麼讓你發揮價值，但在這種狀況下，你也失去了對自己時間的主導權。

工作分類：
緊急任務、插單工作、規劃或執行缺失、自發性任務變更

　　隔週週一一早，Joseph 準時來找我，我見他一臉疲憊，便問他：「上週狀況還好嗎？」

　　他說：「蠻累的，連續加班好多天了，週末也還在趕工當中。」

　　我說：「看一下你上週的行事曆吧。」

　　他打開行事曆，我發現內容跟他上週給我看的是一樣的，我問他：「這是你上週實際完成的任務與時間安排嗎？」

　　他苦笑說：「當然不是，所以我才說排計畫沒有用，因為根本不可能按計畫來做。」

　　我問他：「你覺得我的位置會比你忙碌還是比你輕鬆？」

　　他說：「別開玩笑了，你一定比我忙得多，要應付那麼多老闆，怎麼可能輕鬆。」

　　我說：「那我看起來有跟你一樣累得要死嗎？我工作壓力大，但我對工作的把握度也高，所以才有時間每週花這些時間跟你討論你的問題。而我正在跟你說的就是我一直以來使用的方法，我希望你學會，不要像現在累成這樣。」

　　他第一次認真的點點頭，然後問我：「那我要怎麼做？」

　　我說：「你把你上週實際的行程還原出來，記得，只要你有在工作的時間，都要列上去，加班的也要，然後請保留原先的記錄，我建議你用不同顏色來區分原先的計畫以及實際執行的狀況。我猜你會需要十五分鐘以上，我去買杯咖啡給你。」

　　十五分鐘後，他嘆了一口氣，給我看看他整理過後的上週行程。（圖3）

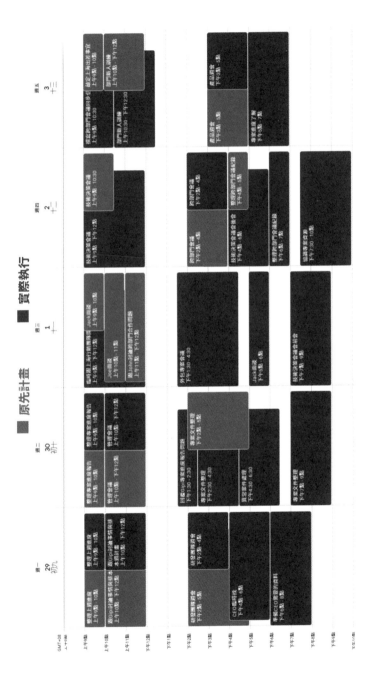

圖3

　　「週一，早上的行程沒有變化，下午研發團隊週會開到一半被老闆的祕書叫去，說老闆要交代一件事，接著我就進去一個會議中，聽他們討論了兩個小時。會議結束後我又被交辦一個任務，他們要我準備一份報告給他們，我又多花了兩個小時才處理完。

　　「週二，早上的行程沒有變化，下午我先針對你上午信件中提到的問題做回覆，然後開始整理專案的文件，我整理到一半系統發生了一個重大的問題，wechat 響個不停，我馬上放下手邊的任務，至於發生什麼事你那時也在群組內，我就不多提了。處理完之後，我就繼續把我還沒整理好的文件給整理完。

　　「週三，一早進辦公室，我本來要約 Jack 面談，不過上海行銷部門的主管打了一通電話給我，說希望跟我聊聊上海產品的行銷計畫，他們正在排接下來一個月的行銷戰略，要我一起參加，這個會議就花了我一上午。下午 IT 部門約了一個外包商來公司，說是要談長期的技術外包服務，我想我們可能之後會有需要，所以也進去了解了一下。

　　「結束後我找 Jack 面談，聊聊他最近工作中遭遇到的問題。結束後架構師 Peter 提醒我說週四早上的技術決策會議 CTO 也會參加，但我們還沒有一些基本的共識，明天早上可能會過不了關，所以我們又臨時開了一個會前會。

　　「週四，一早我們按原定計畫開了技術決策會議，但會議開得比預計的更冗長，原因是 CTO 在會議中提出了很多觀點，我們現場回答不了，大家僵持了很久。所以我跟 Peter 等人在下午才又安排了一個會後會。而且為了評估技術方案，我們得去跟另一個部門協調熟悉機器學習技術的工程師。唉，所以我說會議真的很多。

　　「週五，本來一早要處理上海出差的事，結果負責的 HR 窗口今天休假，要等下周一才能處理，不過因為前一天跨部門會議中有一些事情

得跟進，所以我就把時間先拿來撰寫 follow-ups，不過也因此耽擱到了新人訓練的時間。下午照常開產品週會，結束後覺得這禮拜專案做了蠻多調整的，所以趁下班前跟大家同步好目前的狀況，那我週末可以好好的思考如何調整計畫。」

「然後，我週末兩天幾乎都在做專案的重新規劃，整體來說大概就是這樣。」說完這句話，他又嘆了一口氣。

聽到他嘆氣，我笑了笑跟他說：「沒那麼糟，當你能把這個狀況整理出來，代表我們就有機會解決這些問題。」

他的表情透露出他對我這個說法抱持保留態度，我想他心裡一定在想「事情哪有這麼簡單」。

我說：「我們一起來整理一下你上週遭遇到的問題吧，你覺得要怎麼歸類這些意料之外的問題？」

他說：「有些是插單，有些是緊急狀況，有些則是我時間沒抓準，還有一部分是我沒事先想到，各占了一部分比例。」

我說：「我的想法跟你差不多，我們先做一些整理吧。」

我接著說：「習慣上我會將這些與預期不符的工作分門別類整理一下，我常用的分類有幾種：緊急任務、插單工作、規劃或執行缺失、自發性任務變更。」這幾個分類的意思分別是：

✪ 緊急任務

通常源自於不可抗力，有可能是災難性的錯誤，得立即處理，或者因某些特別有權力的人直接交辦，**屬於無法（或難以）拒絕的工作項目，**這類任務在一般公司內絕大多數都是來自高階主管的指示。

✪ 插單工作

一樣屬於計畫之外的任務，差別在於這類插單任務你可以自己決定接受或拒絕。舉例來說，橫向部門邀請你開會，你可以回絕他；有人打電話給你說要跟你討論事情，你也可以跟他另約時間。**這類插單工作的接與不接主動權主要在你。**

✪ 規劃或執行缺失

這涵蓋的範圍比較廣泛，不過一般泛指在規劃或執行過程中，能透過更縝密的規劃與確實的執行來規避的錯誤。例如時間估算太過樂觀、沒有按計畫執行，或者可事先確認而未確認所導致的變更。**緊急任務或插單任務比較偏外力造成計畫變更，而規劃或執行缺失則屬於自己本身規劃或執行不當而造成的問題。**

✪ 自發性任務變更

當上層目標改變，或者任務有比較大的調整時，原先的任務可能會直接中止或者大幅調整，此時可能會進行專案的重新規劃，讓計畫更符合現實。

我說：「我們來看看你這週的工作狀況該怎麼分吧。」

我跟 Joseph 針對每一項工作做歸類，順便討論了一下每個工作下次可以如何避免類似的問題再發生。

與計畫一致	緊急任務（臨時，但無法拒絕）	插單工作（臨時，但可拒絕）	規劃或執行缺失（估算錯誤、執行不確實……）
週一①整理上週進度②與 Gipi 討論事情③研發團隊週會 週二①整理專案進度報告②管理會議 週四①跨部門會議 週五①產品週會	週一①CEO 臨時找②準備 CEO 需要的資料 週二①回覆 Gipi 報告問題②異常案件處理 週五①專案進度了解	週三①上海行銷會議②外包專案會議	週二①專案文件整理（超時） 週三①技術決策會前會（未規劃）②Jack 面談（延後）③Joe 面談（未執行）④跟 John 討論跨部門合作（未執行） 週四①技術決策會後會（衍生任務）②協調專案資源（衍生任務） 週五①部門新人訓練（延後半小時）

我們約花了半個小時左右討論，整理完之後我問他：「這樣是不是清楚多了？」

他說：「我好像比較知道問題在哪了。」

我說：「說說你的主要發現吧。」

他說：「我本來覺得我多數的行程變更都是屬於緊急任務，也就是說我無法拒絕的任務，但嚴格來說，這週只有 CEO 找我那一件是屬於緊急任務。跟你同步會議資訊那件事，雖然歸在緊急任務上，但實際上那算是磨合過程，下週應該就會解決了。

「而歸到插單工作的兩件事，我實際上是可以拒絕與會者跟對方另敲時間的，但我沒那麼做，就直接答應對方了，而這也導致我有幾個重要的面談 miss 掉了。

「至於最大宗的問題還是源自於我原先的規劃就欠周詳，而在執行過程中因為一個緊急案件跟兩個插件，就把我整個行程打亂了，接著我就陷入一陣混亂當中，開始覺得整週都一團亂。但現在靜下心來想想，很多事情其實都是可以避免的。」

我對他這段總結表達了我的讚許，說得非常到位，我笑著告訴他：「太棒了，我們花了一個小時左右協助你了解現況，現在請你再花十五分鐘，規劃一下本週的行程，我們一樣很快的過一下吧。」

十五分鐘後，Joseph 整理好了本週的計畫。（圖 4 ）

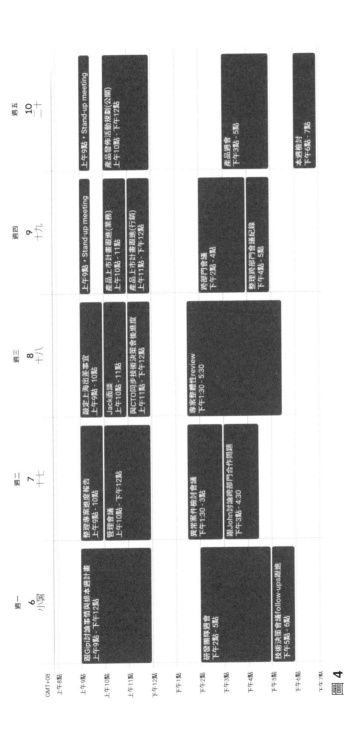

圖 4

　　Joseph 說：「例行會議的部分大致上沒有什麼改變，不過有鑑於上週技術決策會議這個突如其來的會議，打亂了我不少工作，我想這個議題 CTO 應該還是會繼續跟進，與其如此我不如主動跟進，所以我今天下午會先去追上週會議後 follow-ups 的進度，然後週三主動找 CTO 匯報。」

　　我點點頭，他繼續說：「上週有三個很重要的事情我沒有處理，跟 John 的會議我上週已經跟他敲明天討論，Jack 的面談還是會跟他約週三早上，上海出差的議題我會在今天先跟 HR 確認，然後週三一早處理。

　　「另外值得一提的是我想針對上週發生的異常案件做檢討，總覺得這問題過去也發生過，但我們一直都沒有針對根本原因做處理，我想花個時間檢討一下，然後排進計畫裡把它搞定。

　　「然後我想想距離我們產品發布的時間也只剩下一個半月左右了，進度得抓得更確實一些，所以我打算從週四開始跟團隊每天早上花十五分鐘進行站立會議，把每天的進度掌握好，並確保團隊的認知一致。此外，我也要開始跟業務、行銷、公關部門討論針對產品上市他們的計畫跟現況。」

　　我說：「比起上週的狀況，我覺得好很多了，我們下週同一時間再碰面聊吧。」

典型誤區

有些人常將「做計畫沒用，因為計畫會改變」這句話掛在嘴邊，實際上計畫本來就是會改變的，但這並不代表「做計畫」是沒意義的，美國名將艾森豪曾說「Plans are nothing, planning is everything.」，意思就是當面對變化時，你可以隨時推翻你的計畫，但為未來持續做計畫是很重要的一件事。

做計畫是讓我們在可掌握的資訊下將可能的執行時間、工作展開來，讓我們知道資源將如何配置，事情將如何發生，在沒有變化的情況下，這些結果應該是可預期的，但若遭遇了想像之外的事情，那我們也不應該固守本來的計畫，而是應該勇敢地進行修正。

此外，人也很容易將所有的事情混在一起看，然後用一句「很複雜」矇混過去，這種做法很容易導致錯誤歸因，實際上只要願意展開所有的事情，然後分門別類的去拆解原因就會發現問題其實並不如想像的嚴重。

提早規劃協同性工作：
了解他人的原則，同時讓對方理解你的原則

　　週一一早 Joseph 準時來報到。

　　「Gipi 早安。」

　　「早，氣色感覺好多了，週末還加班嗎？」我問他。

　　他說：「好多了，案子還是有點辛苦，不過有些事情有先做準備問題少很多，但還是有一些問題要跟你請教一下。」

　　他打開了他上週的行程跟實際執行狀況，他自己已經先做了整理。（圖 5）

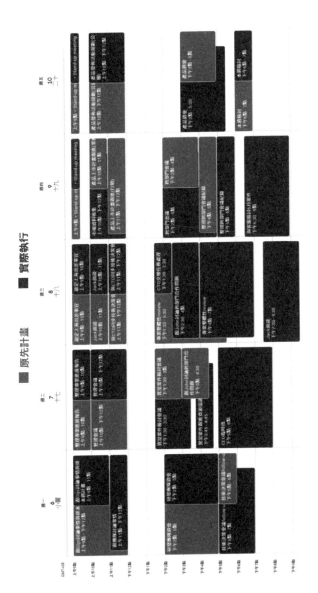

圖5

與計畫一致	緊急任務（臨時，但無法拒絕）	插單工作（臨時，但可拒絕）	規劃或執行缺失（估算錯誤、執行不確實……）
週一 ① 與 Gipi 討論事情 ②研發團隊週會 **週二** ① 整理專案進度報告 ②管理會議 **週三** ① 敲定上海出差事宜 ② Jack 面談 ③ 與 CTO 同步技術決策會議事項 **週五** ① 產品發佈活動規劃 ② 本週檢討	**週二** ① CEO 臨時找 ② 異常案件跟進資源協調	**週三** ① CTO 交辦任務處理 ② Jack 面談（續談） **週四** ① 與客服檢討 6 月案件	**週一** ① 技術決策會議 follow-ups（超時） **週二** ① 異常案件檢討（超時） ② 與 John 討論跨部門和討論問題（延後到週三） **週三** ① 專案整體性 review（因兩件任務而往後調整） **週四** ① 產品上市計畫跟進（取消） ② 跨部門會議（超時） ③ 整理跨部門會議記錄（延後） **週五** ① 產品會議（超時）

　　Joseph：「這週有兩個緊急任務，CEO 又找我去談新產品上線的問題，然後講了很多他想做的事情，要我盡快排進計畫裡，我跟他說我會安排在第一版發布之後，他當然不是很滿意，但最後還是接受了。另一個是因為我自己開了異常案件檢討會議，會議中客服部門也順便提了幾個相關的問題，我判斷後覺得很重要，得盡快處理，所以又馬上去協調了一些資源來投入，不過我覺得這個緊急任務是好事，因為提早爆發了。我還有時間處理，如果再晚兩週發現，到時我一定焦頭爛額。

　　「插單工作中，比較棘手的是 Jack 的面談，其實當天早上我已經跟他先聊過，但我覺得他狀況不好，家裡有點狀況，所以跟他約晚餐時間再聊一聊，我請他先休息幾天，他的工作我得先找人協助接上。

　　「最後是我目前最困擾的地方了，我上一週歸類在規劃與執行缺失的項目有九個，這週有八個，而且有幾個問題我都找不到解法，想跟你請教一下。」

　　我說：「好的，不過在這之前我先問一個問題。三件插單工作，你是如何判斷可以插件的？CTO 交辦的任務，早上談完，下午你就去做了，怎麼判斷的？與客服找你檢討六月案件，沒有事先約，然後你也答應了，這又是怎麼判斷的？」

　　他想了一想，回答說：「CTO 那個我是沒有多想，早上我跟他報告進度的時候他提了一個想法，我覺得蠻好的，就馬上去做了，不過這也讓我 review 專案狀況的工作往後延沒錯。至於客服部門討論六月案件的事，嗯，我是因為檢討異常案件的關係，他們提到了，我想說就來討論一下，排來排去沒有其他時間可以，所以就直接敲週四下班的時間。」

　　我說：「嗯，你可以先問你要問的問題了，不過要記得你剛剛的回答。」

　　Joseph 點點頭，開始了他的提問：「我第一個問題是，我要怎麼安

排行程，比較不會造成行程互卡？舉例來說，我前一個會議有時候會超時，一旦超時下一個行程可能就會延誤，如果下一個行程是我自己的事情，那倒還好，萬一是接著另一個會，或者需要跟別人一起做的事情，那就會造成連鎖性的影響。」

我說：「你指的應該是像週二的異常案件討論，因為延誤了半個小時，耽擱到你跟 John 的會議時間，John 先去做別的事情，所以你只能跟他另外敲其他時間，但為了敲他週三的時間，你又把自己本來的工作行程往後延了。」

Joseph 說：「對，像這種，我要怎麼規劃會比較好？」

我說：「首先，會議時間的控制還是蠻重要的一件事。會議的議程跟要獲得的結論一定得先確認，然後會議如果離題的話得有人控場並拉回主軸，並引導出會議的結論，我認為這還是比較正規的做法。不過呢，有時候我們並非會議主席，控場難度會高一些，加上有些會議的與會者可能是高階主管，你要中斷他發言把會議拉回來有時也有一定難度。」

Joseph 點點頭說：「我就是這種狀況。」

我接著說：「如果你判斷會議的控場可能不是那麼好處理，那你下一個行程可能得稍微抓緩一點，例如前一個會議預計在四點結束，你下一個活動就不要抓在四點開始，而是多抓半小時，四點三十分才開始，這樣就可以大幅減少後一個行程受到前一個行程延誤的影響。如果抓半小時還不保險，那就抓一個小時。」

Joseph 說：「嗯嗯，那或許之後跟老闆的會議，我都得這麼抓才行，這兩週跟他討論的時間都很臨時，而且都比預期更長，讓我很多行程都受到影響。我第二個問題是，我這週本來要找行銷跟業務部門開會討論新產品上市的相關規劃，不過兩個部門在當天早上都不約而同說要改到下週開，我只好臨時更改我的行程去做市場資訊收集，像這種敲好的會

議卻臨時被更動的狀況很常見，有什麼方法可以解決嗎？」

我問他：「這兩個部門更改會議時間的原因是什麼？」

他說：「行銷部門的主管 Leona 當天出差去了，業務部門則是臨時有個會議得去開。」

我說：「嗯，每個人都有自己的計畫在做，也都會有臨時的任務，就像 John 因為你會議延誤，所以必須要跟你另外約時間一樣，基本上我們都無法限制對方不更改行程，能做的是提早獲知這件事，然後盡快應變。

「我相信 Leona 出差這件事情不是在週四早上臨時決定的，或許在前一週就已經確認了，也就是說在一週前就註定這個會議可能開不了了，但你在週四當天才知道，所以你只好先塞一個不在本週內的工作去做。這個問題的解法並不複雜，你可以養成一個習慣，和提早幾天跟你要開會的對象確認是否能如期開會？甚至要求對方在有變數的狀況下主動通知你，這樣你就可以提早知道這件事了。

「有時你可以把議題收斂一下，現場只是討論，請 Leona 推派代理人，這樣她沒參加也沒關係，會議後再同步資訊給她，方便她做決策，這也是一種解法。

「業務部門說臨時有個重要的會議得開，在他的判斷裡，他認為那個會議比跟你開會更重要，先不論為什麼，但你最少可以像前面要求 Leona 一樣來要求業務部門，請他們提早告知。然後你是否有充分告知對方這個會議的重要性，包含要確認哪些東西，以及對新產品上市的影響性？如果沒有，那對方就會以他的認知來下判斷。」

Joseph 扶著額頭說：「啊，這些事情我確實都沒做，我下次應該要補上。」

我說：「這些需要跟他人一起完成的事情，我稱為**協同性工作**

（collaborative task），任何一方更動了行程都會影響到另一方，如果你的工作是需要跟很多人協同的，你幾乎每天都會受到他人的影響，他們管不好自己的工作，你就會連帶受影響。**我建議你最少在每週一的一早，就先與本週與你有協同工作的人確認一下計畫是否有變動，這樣最少你對本週的狀況掌握會是充足的。**」

Joseph 說：「這樣我理解了，不過前面你問我的那個問題，跟剛剛講的這些有什麼關係？你剛剛還要我特別記住。」

我說：「關係就在協同性工作上，如果我們兩個談妥要一起開會，在沒有任何事情干擾之下，我們通常會準時且順利開會。但**當我們任何一個人發生緊急任務或插單工作時，我們很可能會更動自己的行程**，而這就會影響到其他人的行程。你的原則可能是插件不能影響到你跟其他人的協同工作，所以你不會給其他人帶來麻煩，但別人可能壓根兒不在意這件事，所以他就給你帶來麻煩了。」

Joseph 語帶疑惑的問：「那我要怎麼解決這個問題？」

我說：「**你得了解其他人的原則，同時讓對方理解你的原則。**舉例來說，前面行銷跟業務部門臨時更動會議的案例，如果你知道對方老是臨時更動行程，那你就得跟他做好行程確認，同時也請對方在行程有變動時主動通知你，並讓對方知道你也會這麼做，因為你很重視跟他的約定。當你這麼做久了，大家就會知道你做事的原則與風格，配合度就會提高。」

Joseph 沉默了一會，問我：「我真的有辦法這樣要求這些人嗎？」

我說：「你要繼續像現在這樣被別人東改西改你的行程，還是要試著解決它呢？這些人雖然說話強勢，但不至於到不可理喻，對於更改別人行程這件事他們多少還是會感到抱歉的，當你不是責怪，而是以互相理解的態度去跟對方談這件事情時，成功的機率是很高的。一次無效就

溝通第二次、第三次。你擔任產品經理時應該也時常碰到別人要你改東改西的，你也都很有耐心的跟對方溝通不是嗎？如果你每週的行程就是一個產品，你會如何來確保它的品質呢？肯定會盡力跟對方溝通對吧？」

Joseph 說：「我懂了，我不能把規格交給別人決定對吧，應該要溝通，如果溝通不來也要捍衛一下，不能輕易退讓。」

我說：「是啊，你不負責自然會有人來安排你的時間，到時候你就完全失去自主權了。如果沒有其他問題的話，我們摘要一下今天談的內容吧。」

Joseph 說：「好。我想最關鍵的部分有兩個，第一個是針對協同性工作的處理，要事先跟其他人確認計畫是否更動，並提早因應，除此之外，也要讓對方了解我對事情的重視程度，讓對方意識到他也需要對我們的約定負責任。第二個則是對我插單工作處理的規則，我比較容易因為當下似乎沒影響就先去處理插單工作，但這可能會影響到其他更重要的任務，這也是我需要留意的。」

我說：「差不多了，我想今天我們應該不需要再一起排本週的計畫了，這部分你應該可以自己搞定，下週來的時候，除了本週執行狀況外，也先排好下週的計畫吧。」

有效持續運用 OTPR 工作法

　　週一一早 Joseph 拿著兩杯咖啡到我座位找我，我們簡單聊了一下上週五產品會議的狀況，我看他有點疲勞，開口問他：「是不是很累，週末有好好休息嗎？」

　　他說：「不知道是不是因為愈來愈接近產品發布的時間，總覺得事情愈來愈多，加上現行產品也還是有些事情要處理，一邊要思考新產品發布的事，另一邊則要同時顧好既有的產品，而且最近這一個月來，老闆跟各高管的想法愈來愈多，有點難收斂。」

　　他邊說邊打開他的電腦，讓我看看他上週的狀況。（圖 6）

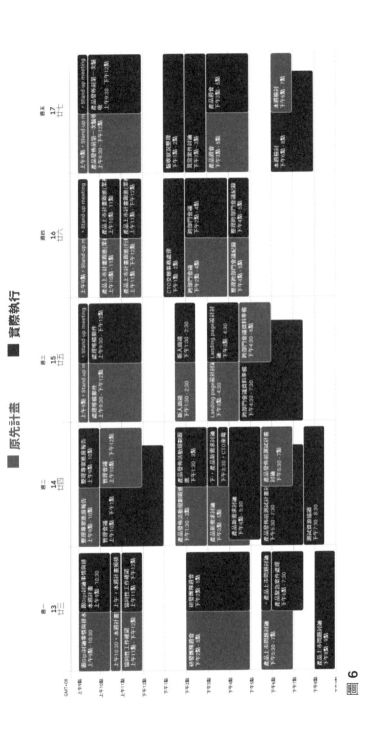

圖6

瞄了一眼，我問他：「從我開始跟你一起檢視週計畫後，你應該已經連續三週都處於加班狀態了，你原先安排的行程都會在七點前結束，但你卻常常超過七點才下班，有些時候甚至得開會到九點以後，你覺得為什麼會這樣啊？」

他苦笑著回答我：「可能是命吧，哈哈。多數產品經理都是過這種生活，不是嗎？」

我說：「階段性忙碌是沒什麼問題的，如果長期都是這樣，那就很有問題了，你太太沒有抱怨嗎？而且你有多久沒在下班後去運動或跟朋友吃飯了？」

他靠著椅背，嘆了口氣說：「大約有三個月了，從忙這個新產品上市的事情開始，到現在差不多三個月了，大概也超過二個月沒運動了。我太太那邊的話，基本上她跟我半斤八兩，平日都在加班，倒是沒什麼抱怨。」

我說：「嗯，我記得你有一個兩年計畫，是希望自己可以成為產品專家，到外面去演講，針對這件事，你目前有什麼進度嗎？」

他說：「目前就是先把這個產品搞定，想辦法在過程中累積經驗吧。」

我又問：「產品做出什麼成績來，別人就會認可你是產品專家了？或者說，你覺得自己做到什麼程度，向別人說自己是產品專家時才不會臉紅？」

他說：「可能就是搞定一個零到一的產品，然後讓這個產品的客戶數量到達十萬以上吧。」

我問他：「如果把你的個人目標、目前的工作任務，以及生活這些事情都考慮進去，你有辦法安排自己每週的行程嗎？」

他想了一會，回答我：「如果我做得到，我大概就不會加班成這樣子了，工作生活平衡距離我真的太遠了，或許等我更有錢一點會有機會

吧。」

　　我說：「好了，那我們今天就來聊聊這個問題吧。你有沒有發現在你行程中**幾乎不會改變的是哪些行程**？」

　　他不假思索的說：「研發週會、管理會議、跨部門會議跟產品會議，基本上是不會改變的，每週都得開會，覺得很浪費生命。」

　　我再問他：「那有哪些事情**本來不在計畫上，不過一旦發生時，你二話不說就會去處理**？」

　　他想了想，緩緩的說：「看起來就是高階主管的交辦任務，像是CEO 或 CTO 找我的事情，最近這陣子的話，還包含新產品上市相關的問題，舊產品的部分就是緊急的服務案件。」

　　我說：「經過幾週的整理，這些東西你都很清楚了，最後一個問題，你覺得排計畫的好處有哪些？」

　　這個問題，Joseph 回答得很快：「嗯，我覺得有幾個幫助，第一個幫助，是我比較清楚自己在做什麼。第二個則是可以很容易回顧這段時間的真實狀況，而且這有助於自己思考那些不如預期的事情問題在哪，嗯，還有……。」

　　他思考了一會，緊接著說：「有計畫時，事情如期發生的機率會大幅提升，有一些事情我之前一直想著要做，但一直都沒做，不過這幾週我卻陸續做完了，像是面談跟完整的整理專案資料。」

　　我笑著問他：「太好了，所以你能完全理解排計畫的好處了。那你想想，如果你**把生活中重要的事也排進去行事曆中**，發生的機率會不會大幅提升呢？」

　　他看著我，緩緩的說：「應該……會吧。」

　　我說：「如果你有下一個行程，一般而言你會盡可能控制當下這個行程的時間，但當沒有下一個行程時，你會很容易失去效率，或者接受

任意的插件工作，因爲後面已經沒有其他任務了。相信我，如果你將下班後的時間也妥善安排好，看是要跟朋友吃飯、陪家人、娛樂或學習，你會有額外的緊迫感，一定會將白天的時間控制得更好。」

他瞪大了眼睛，有點恍然大悟的說：「好像很有道理，我確實沒有爲自己的私人生活安排太多的行程，只覺得週一到週五就是上班，根本忘了晚上的時間應該是屬於自己的，而週末的時間也大多是有事就做事，沒事的話就找事情做。」

我說：「我前面提醒你，要記得你個人的目標。公司的目標，會有很多人逼著你做計畫，即便你計畫不夠縝密，其他人也會推著你去達成。但你個人的目標，基本上只有你才在意，你不做規劃，不會有人幫你想的。而你的生活，如家庭、健康或朋友關係，這些都是平常不出事，一旦出事就不是小事，不在乎可不行。」

他說：「人生真的很難啊，你教我的這套方法是讓我慢慢找出工作的節奏與問題，但如果我要同時結合個人目標並且兼顧生活，你會有什麼樣的建議？」

我說：「有的，其實這段時間我跟你討論的方法是我個人工作法中的一部分，主要針對日常工作的規劃與檢討，透過這套方法，你可以很有效的學習時間管理（Time Management）與專案管理（Project Management）。但執行一段時間後，可能會開始發現一些問題，那就是目標感不明確，包含工作與個人目標其實並沒有很好的結合到日常行程中，所以我後來又加入了目標管理（Objective Management），讓自己可以圍繞著目標去進行行程規劃。」

他恍然大悟：「原來如此！目標管理的書我也看過，都是先設定目標後才展開計畫，然後如實執行計畫，並根據現況時時應變，也就是敏捷的觀念，最後把目標達成了。這邏輯說起來容易，管理教科書上也都

有提過，但這幾件事情都很難耶，我很好奇你要怎麼把這些融入到你這套工作法裡頭。」

我說：「沒這麼複雜，你其實已經在半路上了。我這套方法叫**OTPR 工作法**，O 是 OKR，也就是談目標管理，任何工作都得先設定具體的目標；T 是 Time Management，也就是時間管理，事情有輕重緩急與優先順序，比須妥善做好分配；P 是 Project Management，也就是專案管理，當事情有了優先順序，接著要做的就是規劃與執行，而且最難處理的是執行過程中的緊急狀況，我想這你這個月已經體會到了；R 是 Retrospective，有些人習慣簡稱 retro，指的是回顧，也就是每週我們一起做的事，回顧一下哪些地方做得好可以繼續維持，如果重來一次有哪些會有不一樣的做法。

「我帶你做的方法，基本上是先從 P 切入，讓你先排計畫，然後每週陪你做回顧，也就是 R，在過程中你漸漸察覺到自己還有其他問題，此時我們才進一步聊 T，也就是時間的分配與安排，但談到時間管理就不可能不談目標，也不可能避談工作與生活的問題，這時就得思考 O，也就是目標的問題了。」

往下，就讓我們一起來理解完整的 OTPR 工作法該怎麼運用吧。

PART 4

O - OKR，
設定目標是高績效的源頭

- ⭐ 目標設定的基本概念：SMART、OKR
- ⭐ 釐清與設定個人目標：將工作目標與個人做結合
- ⭐ 盤點非關工作的個人目標：八類目標 × 想追求的、想改善的

「Joseph，你覺得每週一研發主管會議的目的是什麼？」我冷不防的對 Joseph 提問。

他想了一會，抓抓頭說：「其實我覺得那個會議我可以不用參加，多數的事情透過郵件就可以同步跟交代了。就像我本來週二下午要跟你一起開的會一樣，應該也能用一樣的方法解決。」

我說：「你說的很對，但這個會議的狀況跟我們那個還是有個很直接的差異，你覺得可能是什麼？」

他說：「是參加的人數吧。」

我說：「完全正確，因為人數多，為了確保資訊能充分的布達，所以他們還是堅持開這個會，但這個會議的目的到底是什麼？換個問法，每週的這個會議要達成什麼結果才算是有效的？」

他說：「要解決的問題有效溝通、確實解決；要布達的資訊確實布達，而且大家也真的配合布達的內容展開工作，重點應該在於能展開後面的工作，這才算是有效的會議。」

我說：「是的，就如同我跟你說的，我跟你開會的目的是為了了解現況，以便了解是否有任何需要協助的地方，而會議只是讓我能達到這個目的的手段。目的跟手段得分清楚。每個工作任務我們都得理解背後的目的，否則很容易做了但沒成效，而這些工作任務一般則是圍繞著部門與公司的目標在展開，在搞不清楚目標的情況下，是很難展開工作的，所以我們得先聊聊目標。Joseph，能告訴我你今年的目標嗎？」

Joseph 說：「其實我只知道短期目標，我的短期目標就是讓新產品順利上線，整年的話，或許就是這個新產品能達成某些成績吧。」

我問他：「你會如何去判斷新產品上線這個目標你已經達到了？」

Joseph 說：「如期、如質、如預算，我會準時在八月十七日發布，這是如期；如質的部分呢，嗯……或許是把目前規劃的第一版功能完成吧；

如預算，現階段我沒有掌握預算的部分，所以也不好說。」

我問他：「所以你的目的是把產品弄上線嗎？我們為什麼需要讓這個新產品在八月中旬上線呢？」

Joseph 說：「喔，八月中旬這個時間點上這個產品是有戰略意義的，這個產品是為了九月開學季做準備的，往年競品也大多在這個時間點做開學季的大規模宣傳，也會提出開學季的各種方案，而過去幾年我們一直沒有做這件事。」

我說：「那我們用什麼來衡量我們真的有做好這件事呢？是銷售額、客戶數還是針對開學季檔期，我們在整體市場的占有率呢？」

Joseph 說：「或許都是，但我以為這是行銷部門跟業務部門的任務，我的部分就是把產品上線就好了。」

我說：「那你覺得行銷部門跟業務部門他們會覺得這件事是誰的責任呢？萬一他們並沒有將這當成他們的任務，你把產品交付了，但最終沒有達成足夠的銷售額、客戶數與占有率，那你這段時間的努力成果到底在哪呢？團隊分工很好，但我們不能將自己的績效寄託在其他人身上，這是我要先提醒你的。」

Joseph 說：「或許我得在跟業務與行銷部門的例會中去溝通並確認這件事，然後我們需要為了這件事情去制定計畫，確保我們可以做正確的事情。」

我說：「嗯，正確。我簡單摘要一下前面我提到的內容。要做一件事情，我們首先得釐清目的與目標，並且要知道用什麼來判斷這個目標是否達成。」

目標設定的基本概念：SMART、OKR

在設定目標時，一般我們會依循 **SMART 原則**，這是五個英文單字的縮寫。

S 代表的是 Specific，意指具體而明確的，包含做哪些事？或者對工作任務的具體要求，像前面我們提到的產品功能範疇。

M 指的是 Measurable，意指可衡量的，一個目標如果無法被衡量就很難判斷是做得好還做得壞，可衡量不意味著一定是量化，一種狀態的達成或改變也可以，如前面我們提到關於銷售額、客戶數這種具體的數字是典型的量化成果，但小孩學會騎腳踏車、能自己過馬路這種狀態的達成其實也可以作為衡量標準。

A 代表 Attainable，意指可達成的，從一開始就知道無法達成的目標會導致資源的錯誤配置，也會讓計畫完全失去方向。舉例來說，我要你現在想辦法在一個月內登上月球，而且只能靠你自己。這對你來說就是一種近乎不可能達成的任務，但若我給了你對應的資源，時間上也放寬到五年的時間，我相信可能性就會很多了。

R 代表 Relevant，也就是相關聯的，意指負責這個目標的對象，他的工作必須是與目標有高度關聯的。例如要客服人員去負責銷售指標，或者要研發人員直接去承擔每月業績，他們的工作當然對這些指標有些影響，但多數狀況下他們是不容易直接對銷售指標產生影響的，將銷售指標壓在這些人身上就顯得奇怪了。

T 代表 Time-bound，也就是時效性，如果我們說要做一件事，但沒有設定截止日期，那這件事一般不會發生。例如設定 1,000 萬業績目標，我們總要了解是一年，還是一個月要達成，因為這會直接影響到我們的計畫。像新產品上市，為何我們是壓在八月十七日，而不是九月十七日，這都是有意義的。

S	Specific 具體明確的	明確不含糊，包含做哪些事情？對工作任務的要求是什麼？
M	Measurable 可衡量的	做到什麼樣叫好？衡量的基準是什麼？什麼樣叫做 100 分？
A	Attainable 可達成的	去年成長 20%，在沒有大幅度的策略調整或資源投入的狀況下，今年要成長 200%，這一般是無法被達成，但若是 20%~30%，這或許就是一個有機會被達成的目標。
R	Relevant 相關聯的	這個目標必須要與負責指標對象的工作內容相關，例如要客服人員去負責銷售指標便顯得奇怪。
T	Time-bound 具時效性的	必須要有一個明確的完成期限或里程碑，這是設定計畫的基本要素，可能以天、週、月或季為單位。

✪ OKR – Objective and Key Results

而在目標設定上，近兩年有個很火紅的名詞叫 OKR，它的全名是 **Objective and Key Results**，這個目標管理方法是 Intel 在 1999 年發明的，後來在 Google、LinkedIn 這類網路公司手上發揚光大，並在 2019 年在台灣全面爆紅起來。

OKR 之所以會爆紅，背後有其脈絡在，很大一部分原因是現在商業環境變化的太快，傳統的 KPI 管理只告訴員工去追求一個數字，但從來不告訴員工這個 KPI 背後的目標是什麼，當員工不知道為何而戰時，除了工作動機較弱之外，也很難理解上級真正的目標是什麼，因此換位思考就不會發生，上下之間溝通的問題便經常發生。

下面這張圖是我在每次演講時都會分享的，這是從過去的一個真實案例中衍生出來的故事。

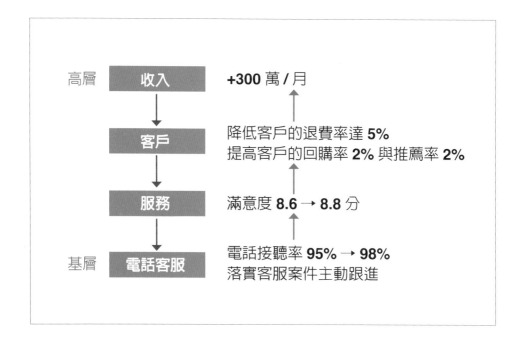

公司有個電話客服部門，這個部門的 KPI 之一是電話接聽率，所謂的電話接聽率指的是接聽通數／進線通數所得到的比例，舉例來說一整天有 500 通電話，但客服人員只接聽了 480 通電話，此時接聽率就是 480/500＝96％，而這也意味著有 20 通電話是沒人接聽的，放大到一整個月，就有 600 通電話是撥打後沒人接，而沒人接就意味著沒人服務，而這很明顯會影響到客戶對公司的滿意度。

公司連續幾個月的電話接聽率都只有 95％，高層認為必須在一個月提升到 98％，但電話客服這種高度仰賴人力的服務模式，基本上很難在短時間就提高人均接通數，若要導入 Call Center System 等系統，也不是在短短一個月內可以搞定的，所以電話客服部門提出的需求是要增加二名人力，來填補服務產能不足之處。但這個提案被高層否決了，並要求客服團隊無論如何得在一個月內做到 98％ 的接聽率。

半個月後，電話接聽率真的上升到 98％ 了，高層覺得很神奇，怎麼做到的？深入了解後發現在接通的電話中有許多電話都是連對話都沒發生就掛斷了，也就是說，電話客服竟然以接起來立刻掛斷的方式來提高接聽率。

高層知道這件事後大為震怒，要求改變接聽率的定義，每一通電話必須對話 15 秒以上才算接通。

在調整規則後，客服部門在不到兩週的時間 ，又再次達到了 98％ 的接聽率。神奇！但如果按上面的邏輯，如法炮製的話你會怎麼處理呢？這些客服們將那些沒時間接的電話接起來後直接放在桌面上，等手邊的這通電話講完後才將桌面上那通電話掛上，而這之間的時間肯定超過 15 秒鐘。

高層看著這狀況覺得這似乎不是解法，因為訂的 KPI 數字他們確實都達到了，只是結果不是他要的，就算再改 KPI 的定義也沒意義。老闆

嘆了一口氣說：「你們做到這個數字，但客戶對我們的滿意度卻往下掉，提高接聽率的目的是爲了提高滿意度，現在根本是本末倒置。」

此時，有個資深的電話客服提出他的看法：「現在我們產品變得複雜了，每個客戶打電話進來詢問問題時我們需要花較長的時間引導，如果是爲了提高滿意度，我認爲應該要放寬每通電話的通話時間，以前一通電話只能講 2 分 40 秒，這個時間現在顯然是不足的，若仍放寬到 3 分 30 秒左右，我相信我們可以把每個客戶服務的更好，滿意度應該是會上升的。」

一語點醒夢中人，老闆此時才發現這個問題，原來我們的服務規範並沒有隨著產品的複雜度演進而調整。

而身爲與會者，我卻有其他的發現：

第一，**讓員工知道他們手邊 KPI 或 KR 背後要達成的目標，有助於他們發揮創意並提出更有效的解決方案。**

第二，**基層的現況與高層看到的現況不一致，若能及早同步，可減少大量的時間與資源的浪費。**

公司之所以會發生這樣的狀況，主要的原因就是「完全的自上而下」，基層員工該爲哪些 KPI 努力都是一開始就設定好的，而且過程中基層員工沒有任何參與，所以員工對於組織更上層的目標一無所知，也沒有機會表達自己對現況的看法，自然就只能盡力去滿足毫無意義的 KPI，此時，員工對工作喪失熱情也是理所當然的結果。

但如果在制訂過程中，高層持續向基層同步說明組織上層的目標，並且聽取基層提出的建議，上下之間是不是就有機會對齊認知了呢？我想，這是肯定的。

這才是 OKR 爆紅背後的成因，相較於 KPI，OKR 除了用 KR 來當衡量指標外，也特別關注對 Objective 的描述，清楚爲何而戰，對公司跟個

Objective
· 改善服務品質

Key Results
· 產品的退訂率降低 **5%**
· 產品的滿意度從 **8.8** 分提升到 **9.2** 分

人來說都是很有意義的一件事。

所謂的 OKR，指的是設定好目標（Objective），接著為目標設定對應的關鍵結果（Key Results），關鍵結果是用來衡量目標是否達成的依據。當我們設定了一個目標，接著要回答的是「如何衡量這個目標的完成？」。或者說，當看到哪些結果，我們便能說「改善產品體驗」這個目標已經達成了？而這些結果，就是關鍵結果。OKR 便是由一個目標與二至四個關鍵結果所組成。

很多目標相對好量化，例如業績、客戶數、會員數等，而有一些目標則相對難量化，例如品牌、服務滿意度、員工忠誠度等。以下我舉一個例子來協助大家更快的理解 OKR，今天我們設定了一個「改善服務品質」的目標，並為此目標設定了兩個關鍵結果：

1. 產品的退訂率降低 5%。

2. 產品的滿意度從 8.8 分提升到 9.2 分。

同樣的架構，其實也可以用在我們個人的目標管理上，例如薪資增加 15%、收入增加 30%、TOEIC 考到八百分以上、受邀演講超過三次、

有人願意付費邀請授課超過五次、每個月看十本書等。

　　上述目標都可直接量化，好衡量，但有些目標的量化則相對困難，舉例來說，在我講授的課程中有人提到他的目標是「掌握商業思維能力」。

　　我問他：**「如何確認你已經掌握了商業思維能力？關鍵結果是什麼？」**

　　他一開始回答：「上完老師的課。」

　　我說：「所以你的目標只是上完課，而不是掌握能力，如果要說掌握能力，你必須要能有 output，舉例來說，PMP 專案管理師在考試通過後會有一張證照，有些課會有結業證明，但這些其實都不代表你已經掌握該技能，頂多只是上過課而已。」

　　他問我：「那怎麼樣才算掌握了呢？」

　　我說：「首先，先告訴我你想學商業思維的原因是什麼？它能解決你什麼問題？或者為你帶來什麼好處？」

　　他說：「提升我向上管理能力，改善橫向溝通能力，也提高了自己思考問題的高度。」

　　我說：「OK，漸漸的具體了，那我們如何觀察或衡量你的向上管理與橫向溝通能力改善了呢？」

　　他說：「現在接近年底，公司開始在討論明年的計畫，其中有一些接觸市場的專案我很感興趣，我想跟老闆提出讓我參與該專案的請求，如果可以，還希望能擔任該專案的 PM。」

　　我說：「嗯，那你覺得商業思維在這個提案中可以派上用場？」

　　他說：「絕對可以，我能先做專案的分析，並把『為什麼是我』講清楚。」

　　我說：「好，這件事與是否掌握商業思維有了較高的正相關，可以

列為你的關鍵結果。」

　　這其實是很多人在設定學習目標時的盲點，大多以為看完幾本書，上完幾堂課就算是達到目標了，實際上，你要等到你真的拿了這些知識去做了某些事，你才算是真正學會了，因此在**關鍵結果設定上，請務必更強調結果，是做好而不是做完。**

釐清與設定個人目標：將工作目標與個人做結合

多數情況下，我們對工作目標的把握度會高於個人目標，因為在工作時我們永遠都會被壓時間（Time-bound）交出特定的工作成果與 KPI（Specific、Measurable、Relevant），而且會透過各種威逼利誘的方式想辦法讓我們能達成目標（某種程度的 Attainable）。

但個人呢？很多人可能是沒有設定目標習慣的，加上設定目標時也都是訂一個方向，很少會去設定完成時間，也不太會設定 KR（Key Result）來評估是否達成，加上沒有太多的外在壓力逼自己努力達成，目標的達成一般得仰賴個人的動機與紀律。

「Joseph，用 OKR 的結構來描述的話，你會怎麼設定你的個人目標？」我再度問了 Joseph。

Joseph 說：「目標是在兩年內成為一個產品專家，KR 是搞定一個零到一的產品，然後讓這個產品的客戶數量到達十萬以上。」

我說：「只要兩年內做到十萬客戶數目標就算達成了嗎？有沒有升遷的目標，例如變成產品總監，或者薪水上的目標，例如年薪一百五十萬，又或者是影響力的目標，像是代表公司在外部的研討會上演講一類的？」

Joseph 說：「可以的話當然也很好，因為那可以讓更多人認識我，對個人品牌建立會很有幫助，只是這麼多事情，我也不確定自己能否都做到。」

我沒：「沒關係，我們重新完整的來設定，如果你有兩年的時間，你會怎麼設定你的目標？」

Joseph 說：「和前面說的一樣，兩年的話，我希望以成為產品專家

為目標，KR 方面我想搞定一個從零到一的產品，讓這個產品的累積客戶數量超過十萬人，然後希望能受邀擔任產品經理相關的研討會擔任講者兩次。」

說完，他遲疑了一會，開口說：「如果可以，我還是希望能晉升到產品總監的職務，我卡在資深產品經理也好幾年了。」

我說：「好，這樣你兩年的 OKR 算是清楚了。」

Joseph 兩年的 OKR 如下：

兩年 Objective
· 成為產品專家

Key Results
· 搞定一個從 **0** 到 **1** 的產品
· 累積客戶數量 > **10** 萬
· 受邀擔任產品經理相關研討會 **2** 次
· 晉升產品總監

我說：「那一年的 OKR 呢？你會怎麼設定？」

Joseph 說：「一年的話，我想搞定從零到一的產品這點應該沒問題，客戶數量的話，這我不太確定該怎麼設定，可能是二萬或三萬，但應該做不到五萬，畢竟第一年可能都還在做市場驗證跟布局，可能先抓二萬吧，至於演講跟晉升的部分可能第二年再努力吧。」

一年 Objective
· 成為產品專家

Key Results
· 搞定一個從 **0** 到 **1** 的產品
· 累積客戶數量 > **2** 萬

我說：「好，假設一年的 OKR 是這樣，那一季的 OKR 會是什麼呢？」

Joseph 說：「哇，設定目標這麼麻煩啊，一季要達成什麼呢？一季可以做到哪些事呢？」

我說：「記得得圍繞著一年的目標去思考，如何讓一季的 OKR 是為了一年 OKR 而努力。」

Joseph 想了想說：「一季的話我重心應該會放在把新產品上線，然後驗證市場需求，也就是找到 Product Market Fit。」

我問他：「什麼樣才算找到 Product Market Fit 呢？會用什麼 KR 來衡量呢？」

Joseph 再次陷入思考，約莫兩分鐘後他說：「我們設定的客戶對象，願意以設定好的售價購買產品，而且購買人數到達一定數量。」

我說：「客戶對象基本上只要能賣得動就好，這你得跟業務、行銷團隊溝通好，售價的部分最少得有利潤，這可能要協同財務部門試算，那客戶數量呢？多少才有代表性？」

Joseph 說：「以 B2C 高單價產品來說，我覺得可能最少得有一千位客戶才夠，如果一個月後產品順利上線，那就剩下兩個月的時間了，不過我猜想是足夠的。」

我說：「如果你要把 Product Market Fit 當成你的目標，客戶對象、售價跟客戶數量都會成為你的任務，兩個月能否成交一千個客戶，這得看你如何讓業務跟行銷部門配合，他們如果繼續只推舊產品，這個新產品沒人推，一千個數字看似不大，你一樣達不成。」

Joseph 說：「這麼一說倒也是，這樣子看起來，會不會 Product Market Fit 對我來說就不符合 SMART 原則中的 Relevant，因為我無法對它負責。」

我說：「當然不是的，我說過了，我們不能將自己的績效寄託在他人身上，但你可以盡力讓別人去做好你希望他做的事情，只要這件事對他有利。就新產品上市這件事來看，現在大家都在關注，不管 CEO 或 CTO 都是，你得好好運用這些關注將它們轉成 push 業務與行銷部門的力量，讓他們願意投入資源來協助這件事。」

Joseph 皺眉思考了一會，開口說：「如果我在跨部門會議跟產品會議上主動提出要設定新產品上市的早期目標，然後提出需要業務與行銷部門的協助，這件事會不會就獲得大家的重視了。」

我說：「對業務來說，達成業績是他的目標，至於業績是從哪些產品來的，基本上跟他關聯性較小，行銷部門也是。你配合他們有兩種做

法，第一種做法就是證明這個產品可以讓他們更容易達成部門的 KPI，第二種做法就是從更高層級下手，讓老闆將這個新產品的重要性拉升，這樣業務跟行銷部門自然會配合。以現在的狀況來看，第二種做法的可能性較高，因為老闆們也很關注這個新產品。」

　　Joseph 說：「那我到底要不要將這個設定成我的目標呢？」

　　我說：「如果你希望一年內能達成兩萬客戶數，那這件事情你就得做，不然時間一季一季過去，一年的目標很可能達不成，兩年的目標自然也就岌岌可危了，而且，若要成為稱職的產品總監，對市場的重視度與驅動力其實也是必要的。」

　　Joseph 說：「好吧，為了我的目標，我盡力試試。不過這樣聊下來確實讓我更清楚知道我的兩年目標該怎麼一步步達成，或許我過去就是太習慣把這些事情當成他人的責任，缺乏主動性，所以很辛苦工作，但結果總是不如預期。」

　　我說：「改變自己對目標的看法，也重新思考自己的工作角色，在目標之前，工作內容是可以隨時調整的。好了，這樣調整後，從一季到一年，再到兩年的目標基本清楚了。」

　　Joseph 說：「這樣清楚多了。」

　　我說：「目標設定看似簡單，實則有許多要訣，因為目標設定的方向會大大影響我們做事的方法，當鎖定了目標，並且設定了關鍵結果，接著就是要為關鍵結果制定合適的行動方案，而且這些行動方案一定要對關鍵結果有直接影響，否則我們可能做了很多事，目標還是達不成。

　　「其實這個過程中，我們還做了另一件事，那就是**將你個人在工作成就上的目標跟公司的目標結合在一塊**了。這樣做事才會事半功倍，如果今天我們沒有將目標結合，你可能繼續做著你現在的工作，而沒有積極的去讓產品成功，那一年後你會發現自己距離產品專家的角色還是很

兩年 Objective
· 成為產品專家

Key Results
· 搞定一個從 **0** 到 **1** 的產品
· 累積客戶數量 > **10** 萬
· 受邀擔任產品經理相關研討會 **2** 次
· 晉升產品總監

一年 Objective
· 成為產品專家

Key Results
· 搞定一個從 **0** 到 **1** 的產品
· 累積客戶數量 > **2** 萬

一季 Objective
· 找出新產品的 **Product Market Fit**

Key Results
· 找到目標客群 **(TA)**
· 設定有利潤的售價
· 客戶數量 > **1,000** 位

遠，兩年後可能就直接放棄這個目標了。」

Joseph 說：「將個人目標與公司目標結合，原來如此，這我確實比較沒想過。」

我說：「設定好目標後，下個步驟我們還得先跟其他人同步一下，包含老闆、橫向部門，以及你的團隊，確保大家認知是一致的，後續工作展開時比較不會有目標不一致的問題發生。」

Joseph 問：「這部分該怎麼做呢？」

我說：「對上，老闆在意的永遠都是公司的生存與發展，你只要能從提高市占率、增加收入、降低成本、提升利潤、改善現金流的角度去切入，老闆買單的機率一般都很高；對平行單位，他們關注的是部門的 KPI，如果你能有效的協助他們達成 KPI，一般而言他們支持你的機率也會大幅提升；對下，你得充分讓團隊了解目前的目標是什麼，以及為何設定這樣的目標，當大家知道為何而戰後，一切就會簡單多了。」

Joseph 說：「理解了，所以我下一個動作應該先去同步老闆的期待，再來是打開與業務、行銷、客服部門的合作之門。」

我說：「沒錯。到目前為止我們一起完成你個人目標設定的部分討論，但你手上還有舊產品在維護，那部分的目標你也按同樣的模式再思考一次吧。」

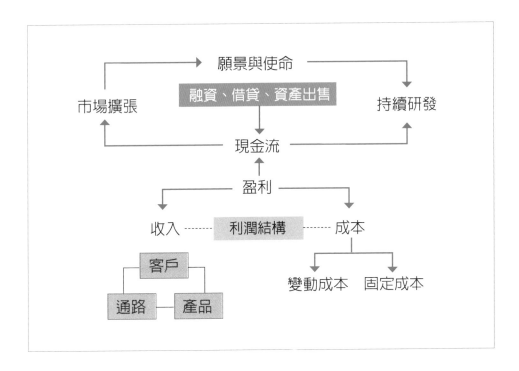

個人目標的規劃：八類目標 × 想追求的、想改善的

「那麼，我們應該來聊一聊跟工作無關的目標了，除了成為產品專家外，你還有哪些個人目標呢？」我接著問。

Joseph 說：「你突然這樣問，我一時還真的想不出來。」

我說：「個人的目標其實撇不開八類：工作成就、生活紀律、生理、心理、財務、能力、人際與興趣，你可以用下面這張表格來協助你盤點。」

	想追求的	想改善的
工作成就		
生活紀律		
生理		
心理		
財務		
能力		
人際		
興趣		

✪ 工作成就：

　　針對工作內容、職務、環境上，升遷、輪崗、換工作、換職務、改善工作績效、免於失業、找工作等都可以列在這裡。

✪ 人際：

　　同事、同學、朋友、父母、伴侶、小孩，甚至各種廣泛想追求或要改善的人際關係。例如在想追求的欄位中填入找到女朋友，或者在要改善的欄位中填入改善與同事間的溝通。

✪ 生活紀律：

　　包含今日事今日畢、固定學習、早睡早起、上網習慣等生活上的方方面面，可能會在右側欄位中填入養成早睡早起的習慣，或改善頻繁滑手機看 FB 的習慣。

✪ 生理：

　　指的是與你身體有關的大小事，例如健康問題、體重過輕或過重、睡眠不足等，改善脂肪肝、降低體脂率、每天睡滿八小時等，就是你可以設定的方向。

✪ 心理：

　　與內心、思考有關的大小事，例如學習焦慮、對某些事患得患失、不喜歡但卻不懂得拒絕、沒安全感等，填入降低學習焦慮感、學會優雅的拒絕或許就是你可以設定的方向。

✪ 財務：

與收入、薪水、積蓄、理財、投資等相關的事，你都可以放在這，例如全年收入要增加 20%、加薪 15%、學習理財、買房、減少每月支出 20% 等。

✪ 能力：

個人能力的改善與提升，例如學習商業思維、學習簡報技巧、改善溝通表達能力、改善時間管理不當問題等。

✪ 興趣：

你感興趣或想要刻意培養，而且不見得與工作有直接關係的，如素描、旅行、閱讀等。

Joseph 說：「哇哇哇，你這樣一講，我有好多想做的事啊。」

我說：「沒關係，你可以先盤點一下，反正最終你還是得取捨，因為我們很難同時兼顧這麼多事情，但把想做的事情列出來，再來挑選總是比較不會遺漏。我想這需要一些時間想想，但我希望下週來的時候，我們可以看看你怎麼盤點自己的目標，然後請進一步告訴我，哪些目標你會優先在接下來三個月進行。」

Joseph 回答：「好的，謝謝你的指導，確實需要一些時間想想，下週我跟你討論。」

我說：「好了，那這週我們還有什麼需要一起回顧的嗎？」

Joseph 說：「本來是有的，不過這樣聊完我覺得自己好像找到答案了。」

我說：「分享一下你的發現吧。」

Joseph 說：「首先是目標這件事，新產品上市這議題我一直覺得推動起來很辛苦，老闆的需求不是那麼明確，而且時常變來變去，橫向部門的配合也不是那麼積極，現在想想，或許問題都在於我們的目標不夠明確吧，如果能把目標設定的更清晰，我想問題應該就解決了一大半。

「然後是思考個人目標與生活目標這部分，這陣子我一直覺得自己快被榨乾，但我一直跟自己說要撐過去，因為過去也是這麼過來的，只是可能真的年紀漸長體力衰退，加班個幾天就覺得精疲力盡了，加上面臨工作跟生活的夾殺，得過且過的心態時常浮現，個人目標這類東西，你沒提起來我覺得早就被我遺忘了，但今天聊下來，我才發現應該是我自己沒有用對方法所導致，這是今天的第二個收穫。

「最後一個，是我覺得東西有寫下來，還是比在腦袋空想清楚很多，我會把這些內容都記錄下來。我想我下週再來跟你討論。」

「好，我很期待，我們下週見了。」在聊了兩個小時後，我告別了Joseph，他則踏著堅定的步伐離去了。

PART 5

T – Time Management，
用時間管理最難的那些事

- ✪ 實際盤點工作之外的目標：兩個目標產生衝突如何取捨？
- ✪ 生活是一個整體：先保障基本需求，再找出目標脈絡性
- ✪ 為目標設定行動方案：盤點資源、進行排序
- ✪ 重要性的排序是一個大學問：利用二維矩陣，建立自己的優先順序

　　接下來的一週裡，Joseph 來找了我多次，很多事情都是在跟我討論如何跟老闆溝通新產品的策略，以及如何跟橫向單位如業務部門同步新產品的目標跟計畫。在幾次溝通後，老闆終於敲定新產品上市的階段性目標，目標是上線一個月內就要達到 1,000 個客戶，而售價的部分也請財務部門做過核算，決定設定在 25,000 元。

　　Joseph 拿著老闆的目標去找業務部門溝通，一開始業務部門還覺得有點為難，因為新產品的銷售難度較高，不如賣既有產品。我建議 Joseph 跟老闆提案，為了有效推廣新產品，是否能階段性調整新產品的業績獎金，並請業務部門指派專門的業務團隊來銷售此產品，老闆覺得這建議可行，發了一封郵件布達此事，至此，業務部門反對或不投入的理由也消除了，一切都尚算順利。

實際盤點工作之外的目標：
兩個目標產生衝突如何取捨？

　　隔週一，Joseph 興高采烈地來找我，他說：「上週好精采啊，覺得自己做產品經理從來沒有做得這麼開心過，很多事情原來是可能發生的，但我過去很容易把自己局限在一個中間人的角色，策略跟我無關、業績跟我無關，我只是夾在老闆跟業務部門之間的橋樑，原來我是能主動去影響他們的。」

　　我說：「是吧，當你把目標設定出來，確認那些關鍵結果跟你有關，而且努力去影響它，你才有機會擺脫困境。我們才開始一個月的時間，已經有很多事情在你身上發生了，接下來的改變令人期待。」

　　Joseph 笑著說：「是啊，再來我要面對的，還包含工作之外的事情。」

　　這是我近一個多月來第一次看到 Joseph 笑得如此開懷，我笑著跟他說：「好了，讓我們看看你盤點出來的目標吧。」

　　Joseph 早就打開他的電腦，將他盤點出來的目標展示給我看。

　　Joseph 說：「工作成就的部分，就如我們上週討論的內容，一季的目標已經設定好了，而且 KR 也已經在老闆的首肯下設定好。

　　「生活紀律的部分，我希望自己能從常態性加班的輪迴中解放出來，但我明白接下來還有得忙，所以我給自己設定的目標是先讓自己每週的加班天數不要超過三天。

　　「生理方面，我已經好一陣子沒有運動了，體重有點超重，我想花一季的時間讓自己的體重跟體脂降回到半年前的狀態。

　　「財務部分，我是希望一年後年收入可以增加 15%，一部分會來自於薪資的調整，這部分當然需要老闆多多幫忙啦，哈哈。另一方面則是希望被動收入可以增加 5%，這我會開始花點時間研究一些投資標的。

　　「最後是能力部分，上週跟你還有老闆們的討論，我覺得自己距離產品總監還有一些距離，主要的落差在於我對市場的敏銳度不足，不容易 get 到市場的脈動，我接下來想爭取可以承擔業績責任，我相信這對於理解市場會有直接的幫助。

　　「至於心理、人際跟興趣的部分，目前我暫時沒有提列目標。」

　　我說：「蠻好的，很多人在第一次製作這張表時都會試圖填滿它，你已經先做過取捨，而且也讓每個目標都符合 Time-bound 的條件，把年或季給識別出來，而有些尚無法確認的項目也先設定了下一個動作，這是非常正確的做法。」

　　Joseph 說：「因為我進行了一個多月的週計畫與週回顧，我已經意識到我同一時間真的搞不定這麼多事情，而且當我試著把這些事情排入我的行事曆中，發現光是這幾個目標我就快要忙不過來了，現階段我根本無法負擔更多的目標，所以最後決定就只放這五個目標。」

　　我說：「這些目標是否在你可以負荷範圍內我不確定，但我想先跟你討論一下這些目標在你心中的優先順序，你能把這些目標做一些排序嗎？排序的原則是，**當兩個目標之間產生衝突時，你會捨棄掉哪個？**」

　　Joseph 花了一些時間來來回回調整了好幾次，最後他排出來的順序是：

成為產品專家 > 增加年收入 > 減重 > 減少加班頻率 > 提升市場敏銳度

　　我說：「這個排序的邏輯是什麼？」

　　Joseph 說：「成為產品專家這是我最在意的，這無庸置疑，但我想到我成為產品專家背後重要的原因還是為了增加收入，所以我把增加收入放在第二位，而減重是為了健康，也不能等，所以放在第三位，接著是減少加班頻率，最後是提升市場敏銳度，這是我初步排出來的結果，不知道對不對。」

	想追求的	想改善的
工作成就	兩年：成為產品專家 一季：找到新產品 PMF （**Product-Market Fit**）	
生活紀律		一季：減少加班頻率 · **KR1**：每週加班天數 　**<=3** 天
生理	一季：減重 · **KR1**：體重減少 **5** 公斤 · **KR2**：體脂降低 **2%**	
心理		
財務	一年：年收入增加 **15%** · **KR1**：年薪增加 **10%** · **KR2**：被動收入增加 **5%** 　下一動作：談調薪或升遷 　條件	
能力	一年：提升市場敏銳度 · **KR1**：承擔業績責任 　下一動作：提案統籌新產 　品業績責任	
人際		
興趣		

　　我問他：「但你不是說提升市場敏銳度是爲了成爲產品總監之路打底，爲什麼會被你放到最後一位？」

　　Joseph 說：「你這樣一問，我一時也不知道該如何回答你，我只是覺得前兩項大概跑不掉，而三跟四都是與健康跟生活有關的，也不能放，所以只好把提升市場敏銳度排到第五名。」

　　我說：「其實，**生活是一個整體，一個面向的變動都會牽動其他面向。**舉例來說，身體不健康，你的作息就會受到影響，家庭關係不好，也必然會影響到你的工作，反過來，你工作上鬱悶不得意，也一定會把情緒帶回家裡，影響你跟家人之間的相處。」

　　Joseph 說：「你說的我同意，但到底該怎麼安排更適合呢？」

生活是一個整體：先保障基本需求，再找出目標脈絡性

✪ 保障基本需求

目標的八大面向環環相扣，是需要持續保持均衡的，有些時候某些面向的比重會多一點，有時會少一點，但都需要維持一個基本需求。所謂的基本狀態指的是不會導致生活崩壞的水平。舉例來說，你可以接受月薪三萬元的工作，但無法接受二萬元的工作，因為三萬元才能維持你生活的基本開支，所以你可以不設定薪資成長的目標，但你選擇工作時，一定得考慮這工作能否維持生活基本開銷，一旦你不考慮，你的生活可能就會因為這個選擇而崩壞。

你可以不設定生活紀律的目標，但你不會讓自己天天工作十六小時；你可以不設定心理層面的目標，但你會盡可能避免自己陷入情緒過度壓抑的狀況；你可以不設定生理層面的目標，但你不會讓自己暴飲暴食到身體出狀況。

很多時候我們生活會出問題，多數原因都出在沒有確保基本需求，因此當我們設定目標或取捨時一定要確保基本需求受到滿足。

✪ 找出目標的脈絡性

上一個段落中我提到，目標與目標間是環環相扣的，多數時候都是有關聯與脈絡的，以 Joseph 的案例來說，我們可以繪製成下頁的脈絡圖：

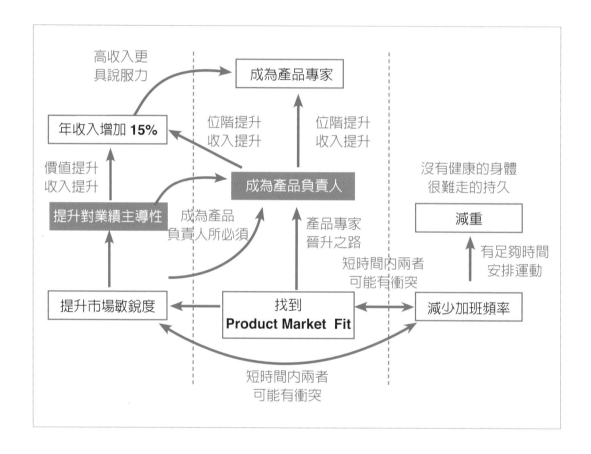

從圖中我們可以看到幾條脈絡：

第一，成為產品專家這條路線是兩年期的目標，一季的目標則是找到當前產品的 Product Market Fit，而下一階段的目標大約會是成為該產品的產品負責人。

第二，找到 Product Market Fit 的過程其實本身就有助於提升市場敏銳度，而為了提升市場敏銳度，下一階段動作是要提升對業績的主導性，而提升業績主導性將會有助於爭取成為產品負責人。

第三，成為產品負責人，將有機會爭取年收入提升 15%，同時也讓自己朝產品專家的道路邁出一大步，而較高的年收入，也有助於告訴群眾自己的市場價值。

第四，減少加班頻率會讓自己有時間可以投入在減重的目標上，但減少加班頻率某種程度可能等同於減少工作時間，但當你爭取負責更多的工作角色時，短期你免不了得花更多的時間在工作上，這兩者之間可能是有所衝突的。

第五，健康是基本需求，身體不健康基本上你是無法長期投入工作，更不用說要實現什麼長期目標了。

這五條脈絡傳達了兩個十分重要資訊：

第一，**目標彼此之間並非獨立的，而是存在前後與依存關係**。一個目標可能是另一個目標的關鍵結果或前置條件。

當目標彼此之間存在前後與依存關係，那兩個目標其實算是同一個目標，你本來就得先達成其中一個，才能達成另一個，此時，資源的投入可以一兼二顧，更加聚焦。

第二，**時間是最主要的限制資源**。當你把時間都花在加班，生活的其他面向就要出問題；而當你選擇減少在工作上投入的時間，很可能就

無法創造更好的工作成果。

　　當時間成為限制資源，你首先得思考的是**替代性資源**，也就是能代替你的資源，舉例來說，工作上有些事情你不用非得自己來，可以交由他人或團隊完成，此時團隊就是你的替代性資源，而運動保持健康這件事則無法由他人替代，培養親子感情也無法由他人替代，你只能**尋求更有效率的方法，或更妥當的時間配置**，讓自己能把多件事情兼顧起來。

　　以前上班時，我有些同事因為長期加班，但有感於自己身體健康狀況不佳，所以每週會抽三天時間，在晚上六點鐘時去隔壁健身房運動一小時，運動後再回辦公室繼續工作，這種做法看似辛苦，但卻也讓他同時滿足了投入工作與健康兩件事。

　　也有同事會準時下班去接小孩，陪孩子到孩子入睡，然後晚上九點繼續處理公事，這樣的人並不在少數，這種處理方式，階段性的都能同時顧好工作與家庭，也不失為一個好方法。

　　可由他人代勞的事，規劃好看如何授權或分配給他人；無法由他人代勞的事，尋求更有效率的方法，或更妥當的時間配置。

　　Joseph 在我協助他解構完目標間的脈絡關係後，驚呼了一聲：「Woo，原來可以這樣解構，那看來我其實無法避免要提升市場敏銳度；而且減少加班跟減重這兩個目標看來不是優先順序的問題，而是必須得做；但在減少加班之餘，我得思考其他替代性資源來協助我完成工作任務，這也意味著我要把團隊帶起來才行，這樣整理完，其實我接下來要做些什麼似乎更清晰了。」

✪ 減少目標數，降低複雜度

　　如果你能清楚的梳理出目標間的脈絡性，並妥善運用上述概念，那我會建議你將目標間的關聯性盤點出來，這會讓你更清楚你可以採取的

策略。

　　但如果你覺得梳理脈絡太過複雜，那我建議你先從減少目標數開始，將目標數控制在二個，最多不超過三個，此時你的時間與資源可以更加聚焦，經過一段時間的練習與適應後，再考慮要不要增加同時推進的目標數量。

　　舉例來說，2020 年一月在商業思維學院中有許多同學的年度 OKR 都設定了「建立個人品牌」、「學習英文」、「減重」或「轉職」這一類的目標，我請大家將目標限定在兩個以下，大家的 OKR 展開就相對容易許多了。

　　建立個人品牌，KR 大多聚焦在幾個面向上，包含社群媒體帳號 FB、IG、YouTube 的訂閱或追蹤人數、創作內容閱讀量、媒體轉載次數、演講次數等等。學習英文，KR 則大多聚焦於 TOEIC/TOEFL 的考試分數、能講多長時間的英文演說、能寫出錯誤率多低的英文內容、能否全程用英文跟老外交談等等。減重的 KR 相對更單純，從體重、體脂、內臟脂肪、三酸甘油脂、血脂、骨骼金率、BMI、Inbody 數值等。轉職的 KR 則是聚焦在職務內容、行業、薪資、工作地、職稱等，當我們將所有的目標先拆開來看，難度相對降低很多。

　　以我自己來說，我 2020 年的目標只有兩個：**時間自主與商業思維學院的運轉上軌道。**

　　針對時間自主這個目標，我設定了四個關鍵結果：

　　1. 50% 以上的時間在創作，創作是我展現價值最好的方式，我認為我對商業這個領域最大的價值會發生在創作上，因此我期許自己能將一半以上的時間投入在創作上。

　　2. 個人主被動收入 >500 萬，這是為了確保個人財務健康，不需要為了收入而忙碌。

3. 學院可支配現金 >100 萬，這是為了確保學院現金流健康，我不需要為了現金而奔波。

4. 出差天數 <3 天 / 週，這是我時間自主的另一個關鍵點，過往我花太多時間在通勤台南、台北之間，所以 2020 年我給自己的新挑戰是不那麼頻繁的往北部跑。

一年 Objective
· 時間自主

Key Results
· **50%** 以上時間在創作
· 個人主被動收入 > **500** 萬
· 學院可支配現金 > **100** 萬
· 出差天數 < **3** 天 / 週

針對**商業思維學院的運轉上軌道**這個目標，我設定了五個關鍵結果：

1. **月活躍學員比例 >90%**，這是為了確保學員仍持續在學院學習。

2. **區域、社團、小組運作順暢**，學院是以青色組織的形式運作，多數的學習活動都是由學員自行組織，而區域、社團、小組是我們為了確保運作順暢所規劃的基礎社群框架，只要這三個角色能運轉順暢，學院便處於較活躍的狀態。

3. **小夥伴搞定95%工作**，我本身是學院的限制資源，我要產製內容，

還要擘劃學院的長期願景與發展策略，同時還要扮演對內對外的象徵性角色。但我希望我能在一年內淡化我個人的重要性，因為唯有如此我才不會成為學院成長的瓶頸點，所以我需要在一年內讓團隊承接我 95% 的工作任務。

各位讀者或許可以從我的 OKR 中觀察到，我已經將個人與公司，工作與生活的目標整理在一塊，而且也充分的思考過自己的時間配置與替代性資源，減少通勤讓時間運用可以更有效率，並且持續培養團隊，讓自己不成為公司成長的瓶頸點。

一年 Objective
・商業思維學院運轉上軌道

Key Results
・月活躍學員比例 > **90%**
・區域、社團、小組運作順暢
・小夥伴搞定 **95%** 以上工作

為目標設定行動方案：盤點資源、進行排序

OKR 設定好後，我們得為 OKR 設定對應的行動方案，所謂的行動方案指的就是專案，也就是做了之後有助於創造關鍵結果與達成目標的那些事。

針對月活躍學員比例 >90% 這個關鍵結果，我們設定了幾個行動方案，不過在解釋行動方案之前，我想先定義一下「活躍學員」。由於學院的內容很多，有日更內容、實作課、社團課程、職人講堂、案例研討、hands-on project、區域與小組活動等等，這些內容與活動，並不用全部參加才算活躍。

我們對活躍的定義是：**當月日更進度跟上 60%，並且參與任何一場課程或活動。**

也就是說，我們的行動方案要能有效的讓 90% 以上的學員，在該月份產生上述學習行為，其中難度最高是跟上日更進度的 60%，為此，我們便設定了以下行動方案。

1. Slack（一種類似 LINE 的即時通訊軟體）**每日運營**，透過每天在 Slack channel 內發布有趣的提問來帶動討論。

2. 小組長跟進學習進度，學院每十至十五人會組成一個小組，每個小組都有一位小組長，小組長的職責之一就是跟進小組員的學習狀況。

3. Case study 邊做邊學，每兩個月學院會有一場 case study 活動，以小組為單位，為了做好這個 case study 大家得將學院的日更內容看完才能有效回答。

4. 共筆筆記，這是由同學自發然後學院支持的方案，由一群人每日共筆完成當天日更內容的筆記，藉由同儕的力量來驅動學習。

5. 補救教學，針對進度落後的學員們設計的補強學習。

6. 學伴計畫，一個人學習較孤單，有人相互砥礪有比較強的動力。

7. 權限解鎖，學院陸續推出一些新的內容或活動，只有日更進度超過 60% 以上的同學才可以擁有權限，才能參加這些新的內容與活動。

這七個行動方案都是爲了有效激活同學積極跟上日更內容而設計，而從行動方案中大家也可以看到我們非常強調同儕學習，這也正是我另一個 KR 所要追求的——區域、社團與小組運作上軌道，因爲我相信只有群體學習的氛圍起來，學習才有可能持續一整年。

不過想要做這麼多事，首先面臨的問題就是人手與資源的議題，所以我們得先盤點一下手邊的資源。

✪ 盤點所需資源與可用資源

可以做的事情很多，但時間跟資源都有限，有些事情很棒，但要投入的資源太多，短期可能做不來；有些事情自己做很困難，但別人來做可能變得很簡單，這些都是在盤點資源時應該思考的。

習慣上我會先盤點一下每個行動方案的**資源需求**，這些資源有可能是人，有可能是錢，或者特定專業。與此同時，我也會同步盤點除了自己外，還有哪些**可用資源**。可用資源的定義更廣泛，有可能是朋友，也有可能是合作夥伴，如果有預算的話，有時候花錢請別人來提供專業性服務也會比自己做更省力。

此外，效益當然也是關鍵，如果一件事花很大的心力，但效益很小，那並不值得做，反之，如果一件事的效益很大，即便得花較大的力氣，可能都值得動手去做。所以盤點完資源後，也不要忘記評估一下可能的效益，最後再決定做法。

如果可以，或許你可以試著做一張表（如下頁）來協助盤點，相信這會有助於你去做出選擇。

行動方案	資源需求	可用資源	效益（影響人數）	預計方案
Slack 每日運營	1. 每日策展小組（2~3人） 2. 勤學獎勵品（預算 2,000/ 月）	1. 商務社幹部協助每日內容策展（7~8 人）	700 人 所有同學	請商務社幹部協助，設計每日策展內容
小組長跟進學習進度	1. 小組長每週或雙週統計一次學習進度 2. 學習進度統計表設計	1. 區域幹部（協助小組長） 2. 幕僚社幹部（設計機制）	800 人 所有同學	請幕僚社幹部與區域幹部協助
Case study 邊做邊學	1. 指導老師進行案例設計 2. 每週進度跟進（1~2 人）3. 小組長規劃每週討論活動 4. 評分、頒獎（5~6 人）5. 費用 3 萬元 / 次	1. 老師（KT、Evonne）與 Mentor 群（36 位）	400 人參加 case study 的同學	由學院與老師KT主導，Mentor 協助指導
共筆筆記	1. 小組自發活動，暫時不須學院投入資源	（暫無）	50 人	暫不投入
補救教學	1. 補救教學機制設計 2. 營運人員進行學員配對（1~2 人）3. 營運人員進行進度跟進（1~2 人）	1. 幕僚社幹部協助配對與跟進（3~4 人）	200 人進度落後嚴重者	請幕僚社幹部協助規劃與執行
學伴計畫	1. 營運人員進行學員配對（1~2 人）2. 營運人員每週學習進度跟進（1~2 人）	1. 幕僚社幹部協助配對與跟進（3~4 人）	150-200 人需要督促者	請幕僚社幹部協助規劃與執行
權限解鎖	1. 權限解鎖機制設計 2. 營運人員進行權限識別（1~2 人）	1. 產品社幹部協助設計規則（3~4 人）2. 各區域、社團課程與活動結合權限解鎖來設計	400 人動機較弱者	請產品社幹部協助設計

以我上述與活躍用戶有關的七個行動方案為例，我們的可用資源絕大多數就是學院的學員、老師跟 Mentor，而大家也大多願意協助，這讓我們有相對多的資源可運用，所以很多行動方案都順利在發生中。

✪ 為行動方案進行排序

事情很多，如果資源也很多，當然是有機會同時進行，但我們也得體認到一件事，很多事情都有它的限制在，常見的限制如下：

資源限制。可能人力、時間不足，我們得先將資源投入在價值相對高的那些任務上，這不意味著其他事情不重要，而是比較之後，我們總得排出順序。

相依性限制。有些事情是有很高的相依性。蓋房子時，你可能覺得裝潢比較有價值，但如果不先把挖地基、架鋼筋、灌水泥做完，你還是沒法開始裝潢，因此，我們還是得先把前置工作完成。

成效上限限制。胃口大的人一天也吃不下一頭牛，不是他不愛吃，也不是他胃口小，而是他受限於他的胃；好學的人也不可能一天二十四小時都在學習，拚了命的要求他學習，邊際效益也會遞減或產生反效果。

以學院前面的案例來說，我們的資源限制是小的，相依性限制也不大，我們主要的限制在於成效上限，我們同時做那麼多事情，其實對同學來說負擔是過重的，不論對學習進度有跟上或落後的同學都是。

所以我們後來決定先執行**小組長跟進學習進度**、**Case study 邊做邊學**、**補救教學**等三個專案，一段時間後我們才啟動 **Slack 每日運營跟學伴計畫**，下階段我們會進行的則是**權限解鎖**，而這正是在這麼多行動方案下，根據資源、效率與限制而排列出來的優先順序。

重要性的排序是一個大學問：
利用二維矩陣，建立自己的優先順序

　　我相信目標、關鍵結果到行動方案的盤點對大家來說難度並不高，大致很快都能學會，一般得花你最多時間的其實是**排優先順序**。

　　雖然我們從小到大都有人要我們學會排優先順序，我相信每個人也都聽過也使用過**重要 X 急迫**的二維矩陣，將所有事情分為重要且緊急、重要但不緊急、不重要但緊急、不緊急也不重要四個象限，但我們的困難點在於判斷什麼才是重要的，加上如果兩件事情都是屬於重要且緊急時，又要如何取捨呢？

　　「重要 X 急迫的二維矩陣」這工具有它存在的意義。我先解釋一下我的用法吧！左下跟右上一般不會是什麼大問題，但左下的內容一般是

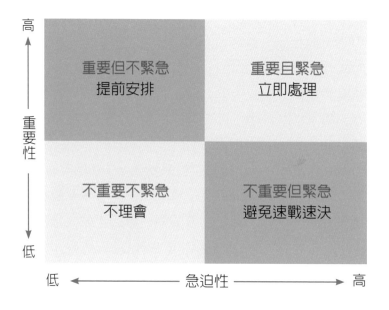

忽略的，甚至連記錄在筆記本上都不會做，多數郵件就屬於這類，你連在上頭多花一秒鐘都嫌浪費，但偏偏很多人有郵件症候群，三不五時要看一下信箱有沒有新的信件，很怕會漏掉重要的信件，我真心認為是一種浪費。

　　但你可能會問：我到底如何判斷一件事是屬於不重要且不緊急，能直接忽略的？這我下面會再說明。針對**重要且緊急**的馬上處理，這應該也不是什麼大問題；但針對**不重要但緊急**的事情，例如有人找你開會討論事情，這件事對他來說緊急且重要，但對你來說重要性並不高，而這件事又會花你的時間，那你該怎麼處理？我的方法是能免則免，若無法避免則速戰速決，可以當面五分鐘討論完的事情，我不想花一個鐘頭聽報告，我會 focus 在解決問題，讓事情可以往下，而當面且找到正確的人溝通，溝通的效率就會大大提升。

　　我發現時間管理無效的人，最大的問題就是分不清楚事情的輕重緩急。舉個例子，有個人跟你說明天我要給老闆一份報告，但有一個問題需要請你給意見，否則交不出去，請問：

　　「這件事情對你而言應該是重要且緊急，還是緊急但不重要？」

　　請留意，我講的是**「對你而言」**，因為時限就是明天，但這並不是你的任務，而是別人的任務，所以對他來說是重要且緊急，但對你來說應該是不重要但緊急，你可以不花時間或者花更少的時間把事情解決，而若可以，我會盡量避免不重要但緊急的事情纏上身。

　　而在我的認知中，有太多的東西都是屬於不重要且不緊急的，完全可以被忽略。舉例來說，我郵件會設定很多規則，把一些我認為相對重要的發信人或主題留在收件箱中，而把其他的郵件歸到別的目錄下，這類的郵件我一般不看的，但如果有人提醒我或者問我關於那封郵件的事情，我就會判斷此事是否應該要處理。

如果只有一個人問，那重要性可能一般，但如果一天內有多個人提到，你就知道重要性相對較高，而那些會提醒你的人是誰呢？往往就是那些把該事項列為高重要性的人，**你可以從別人的反應來協助你判斷，但千萬別把別人該處理的問題全部攬到自己身上來。**

然後另一個迷思是，老闆交代的事情永遠都是重要且緊急的，我認為這是很多人的迷思。**對老闆交辦的任務你該重視，但不該放下重要的事情去滿足老闆，我認為多數的老闆仍然希望你把該做的事情做好，而不希望你為了滿足他一時的需求而打亂整個節奏，所以勇敢地跟老闆確認重要性與 deadline**，如果跟你手邊的任務有衝突時也不妨提出來跟老闆溝通，就我的經驗，老闆仍是以大局為重的。

此外，盡可能的降低判斷的難度，別讓過多的選項進入重要急迫的判斷流程裡，對我來說，我會**盡可能控制同一時間內，最多只考慮三件事情**，這有助於降低決策複雜度。

有些人習慣管理一個很大的待辦事項清單，將過去想做但一直沒做的那些事一直累積下來，久而久之這個清單內的項目高達上百項，還自以為這樣不會遺漏重要的事項，其實這種做法會扼殺你的注意力。如果有一件事在你每次思考後都覺得必須要處理，但你卻每次都沒動手，你反而暫時不要理會它，因為它其實不如你想像的那麼重要。如果它真的重要，只要你有持續在做回顧，未來它還是會再次回到你的清單中，那時你對它的重視度肯定大不相同了。

✪ 建立「自己的」優先順序原則

每個人對重要的定義不同，對緊急的定義也不同。

例如我可能覺得守時重要，但你覺得還好；你可能認為彈性很重要，但我卻認為過度的彈性是難以控制的。這些都是我們對事情的價值觀，

每個人都有所差異，而這也是爲何到目前爲止我們還無法找到一個一致性的規則，讓大家可以很容易去判斷一件事情的重要性與急迫性。

但我相信，每個人心裡都有自己的一把尺，這把尺上刻了你對優先順序的原則，但你得花一些時間把這原則找出來。

怎麼找呢？你可以按以下步驟來執行。

第一，把你手邊所有的事情列下來。工作、個人目標、生活的所有事情都列下來。

第二，將這些事情按「重要 X 急迫二維矩陣」將所有的事情歸到四個象限中。

第三，爲所有的任務進行排序，產生一個優先順序表。

第四，將任務按優先順序排入行程中。

第五，執行過程中，你可能會發現自己自發性地想要調整某些行程。你本來排晚上要去運動的，但因爲朋友約了吃飯，所以你取消了運動而去聚餐，此時請將你調整的原因寫下來，你可以從一次又一次的調整中找出自己做決定的規律。

第六，每隔一段時間盤點一次自己任務修正的原因，你可能會發現只要有人約你吃飯，你就會二話不說取消運動行程，這意味著社交的重要性在你心裡其實是高過運動的。此時，你可以更新一下優先順序表，因爲這樣的順序比較接近你內心所想。

第七，將上述過程反覆幾個月，我相信你對自己決定優先順序的邏輯會有一定程度的了解。

這樣的狀況也可能發生在工作上，你也可以在每次老闆更改你工作的優先順序時去了解他的判斷原則，你可能認爲執行重要，他卻認爲規劃才是最重要的，所以他時常中斷你的執行工作，而要你將計畫書先提報上來；他也可能在每次遭遇客訴問題時，會二話不說中止你手上的工

作，要求你立刻協助客戶解決問題，這就意味著客訴問題在他腦袋裡的優先順序是最高的。

　　每個人都有自己做決定時的優先順序原則，有些人的思緒很單純，有些人則相對複雜，在意的事情很多，連自己都抓不出自己排序的原則，最後就得出一個「看情況」的結論，實際上他們只是缺乏數據來有效分析自己的決策原則。

　　總之，我建議大家透過反覆的練習來找出自己排優先順序的原則，也用同樣的方法來找出其他人的原則。這會讓你更認識自己，也更認識其他人。

✪ 永遠不要忘記持續改善時間運用效率

　　我曾在一次主管培訓課程中詢問大家：「各位覺得自己每週有多少時間是被浪費掉了？」

　　現場有人說五小時，有人說十小時，有人表示自己充分運用了時間，很少有浪費的時間。我現場抽點了一位中階主管，請他讓我看一下他的行事曆，上頭滿滿的會議，但我刻意不挑選會議，而是挑了他每週五的一個固定行程，那個行程是「巡視宿舍」，每週五早上十到十二點間進行。

　　我問他：「請問這件事情的目的是什麼？」

　　他說：「就去巡視一下，看看宿舍有沒有器材壞了，或者員工們有沒有什麼狀況。」

　　我問他：「那請問一下，上次有器材壞了，或者員工有問題跟你反應大概是什麼時候？」

　　他說：「上次大概是四個月前。」

　　我又問他：「那算下來平均大概多久會發生一次。」

　　他想了一想，大概知道我想問些什麼，他說：「大概三至四個月一次，

但我如果不去巡視的話就不知道有問題。」

我說：「我覺得解決器材壞掉或者處理員工的問題很重要，但器材通常不在你巡視的時候壞，可能已經壞了四天了，直到你巡視時才處理，員工的問題也不在你出現時才有，絕大多數也都是早就發生了，對嗎？」

他說：「是這樣沒錯。」

我說：「其實你的巡視並不是關鍵點，關鍵點在於需要有人將現況反應出來，讓我們可以盡快處理。如果我們把重點放在更快的得知現場狀況，以及讓員工能更及時的反應問題上，你能否想到更好的方法來解決此問題？」

現場的主管們很快的就討論出一個解法──讓宿舍的員工自助，因為這些事情都跟他們的生活有關，選出幾位較可靠的員工做為窗口，並給予一定的獎勵，由他們協助回報宿舍狀況與收集員工反應的意見。

如此一來，獲取資訊的效率提升了，問題也可以更及時被解決，二來這位中階主管也不用每週花兩小時的時間去巡視，週五早上的時間也因此被釋出了。

探討完這個案例後，我請大家針對自己每週的行程做檢視，因為裡面肯定有很多因慣性驅動而沿用無效率方法的事情，持續改善自己的時間運用，才會真能享有時間自主的紅利。

PART 6

P – Project Management，
安排與管理每週的行程

- ✪ 排定計畫前的五個重要原則：定義交付產出、估算工作量、六小時原則、不開會原則、留時間給自己
- ✪ 將工作排進行事曆：主動安排行程拿回主導權
- ✪ 對行程進行模擬：提早選擇、排除不確定性
- ✪ 執行計畫：按表操課與應變管理

接著我和 Joseph 說：「在我們為想做的事情排好優先順序後，下個動作就是要將這些任務排到我們每週的行程當中，也就是我們花了一個多月在做的事情。排計畫看似簡單，實則充滿了學問，以下則是幾個在排定計畫時應當留意的事項。」

排定計畫前的五個重要原則：
定義交付產出、估算工作量、六小時原則、不開會原則、
留時間給自己

✪ 定義交付產出（delivery and acceptance）

我問 Joseph：「你打算做一件事，但你知道爲什麼要做這件事嗎？你能清楚的說明行事曆上每個工作爲何而做？怎麼樣才有達成這個工作原先預期的目的嗎？」

Joseph 遲疑了一會說：「有些可以，有些不行。我自己的工作大多可以，但例行會議有時可以，有時又不行，而且或多或少都有些爲做而做的事情在發生。」

我說：「這是因爲我們沒有爲每個工作都定義交付產出。所謂的交付產出指的是做完這件事後，我應該產出什麼成果，可能是一份文件、一個結論、一個決策，但這就是做這件事的目的。如果做完這件事，但沒有交付應該產出的成果，那這件事雖然有做，但並沒有達成預期成效。」

沒有定義交付產出，等於沒搞清楚目的，這是工作上很常犯的一個錯誤，尤其像是例行會議，如果沒有每週都先排好議程與預計的交付產出，會議一般都會開的很沒效率。

定義每件事情的交付產出，是排定計畫時第一個該留意的。

✪ 關於工作量估算（work estimation）

關於每件事情應該要花多少時間完成，這個問題對所有人來說都有很高的難度，寫一份報告需要多少時間呢？開一個會要多久呢？開發一

個系統又要多久？蓋一棟房子要多久呢？

工作量估的太短事情完成不了，估太長時間可能又會有閒置的問題產生，到底該怎麼估才對？在專案管理領域，要提高估算的精準度，一般的做法有拆解、標準化、專家或團隊估算。

· 拆解（breakdown）

我們或許無法回答蓋一棟房子要花多少時間，但我們可以較容易回答挖地基、架鋼筋、灌水泥、砌一面牆個別需要的時間，當我們將工作拆解的夠細，一般預估起來也會愈準確。

你可能不知道組裝一台 iPhone 需要多少時間，但在生產線上我們可能知道 iPhone 組裝涉及 256 個工序，我們可以算得出每個工序所需的時長，平均的處理時長是 1.2 秒，這樣我們就能算組裝一台 iPhone 的時間約莫是五分鐘，這是拆解後我們能得到的答案。

如果一件事你無法預估要多少時間才能完成，請合理相信，其實你對這件事的理解很有限。因為當你對一件事情有深刻理解時，一般能說得出要完成哪些任務才能搞定這件事，當我們能將任務拆解的足夠細，我們對這件事情就有了充分的理解，而拆細也有助於我們做出更精準的估算。

· 標準化（standardize）

所謂的標準化，指的是變化很少的狀況，舉例來說，如果你是每天騎車上班的人，那從你家到公司所需要花費的時間你大概心裡有個底，當我問你去一趟公司要多少時間？你可能會告訴我大概在十五至二十分鐘之間，如果我問你，你走到你家樓下的 7-11 大概需要多少時間，你可能會直覺的回答我二至三分鐘。

這兩段路線對你來說都是變化極小，路徑與情境都極為標準化，因

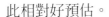

此相對好預估。

　　但若今天我問的是一個你從來沒去過的地方，在不能用 Google Map 的狀況下，你會怎麼預估所需要的時間呢？我估計你會先抓一個你曾去過，而且跟目的地相同方向的地點，然後估出到那個地點所需的時間。

　　舉例來說，如果你要從台中開車去台北，但你從來沒開車去台北過，所以你無法預估所需要的時間，但台中到新竹這段路你很熟。你估算的方式可能就是先抓出台中到新竹的時間，約莫一小時，然後再試圖抓出新竹到台北的時間。

　　台中到台北對你來說並非完全陌生，最少台中到新竹你是熟悉的，這是局部的標準化。很多人說自己在處理的事情是過去沒處理過的，所以無法估算時間，這句話其實是有問題的。當我們將工作拆解開來，裡面通常有一定的比例是過去做過許多次的內容，這些過去做過的事，要估算出時間其實一點也不困難。

·專家或團隊估算

　　直接找專家一起來估，或者由團隊的大家一起來提供意見，這種估算法在做法上比較花時間，但一般精準度會比較高。

　　不好估的時候，先拆細，如果不知道怎麼拆，那就快去請教有做過的人，那些做過幾百次的人，肯定比你清楚該怎麼估。

　　說到這，我問 Joseph：「你有發現你預估工作時都是以一小時或二小時做為單位嗎？但通常會提早完成或延後完成，很少準時完成的，如果把工作拆細，把行程安排改成以三十分鐘做為一個單位，工作效率可能會提高一些。」

✪ 六小時原則

　　我們都知道一天正常的上班時間大概介於七至八小時之間，而很多

人在安排工作時也會習慣從早上九點一路安排到下午六點鐘，把所有可以運用的時間都排滿，生怕中間空了一小時會被主管誤會自己在偷懶。

我說：「Joseph，你每天的工作量都排滿八小時，沒有留下任何 buffer time，你知道會遭遇什麼問題嗎？」

Joseph 說：「只要有任何一個工作延誤，或者有任何插單，我就無法準時下班就得加班。」

我說：「問題比你說得嚴重，工作延誤或插單，這些可能都還有機會控制，但有些事情是不可抗力，例如身體太疲勞需要喘息，有同仁狀況不太好要找你聊聊，部門跟部門間溝通不太順，無法繼續下去，需要私下喝咖啡調解一下。有一大堆事情是你很難事先安排，而且不太能延後處理的，這些事情可能每週都會發生。」

Joseph 說：「你這麼說倒是真的，我這陣子幾乎每天都有這樣的事情。」

我說：「所以我們在安排工作時，就不能以一天可以完成八小時工作量的形式來預估工作，否則加班就是必然。」

在軟體開發領域，有個五小時原則，也就是說在預估一天可完成的工作量時，應該以五小時為標準，如果估算出來的工作量是十小時，那你實際的工期就是兩天，有些技術難度更高的工作，如演算法工程師，一天可能只排四小時的工作量，因為他們會有很多時間花在思考上。

但這樣的概念你在製造業可能不曾聽過，因為工廠的管理變化性少，需要溝通的機會也不多，需要花時間討論、思考的事情並沒有那麼多，加上輸入輸出都比較明確，緊急的插單也不太會發生。就算發生了，緊急調派一個人來銜接上也是相對快速的，他們一天抓八小時，就有機會真的準時交付八小時的產出的。

換句話說，工作性質的不同，會對一天可投入的有效工時產生影響，

軟體工作抓五小時，生產線抓七個半小時，而對多數人來說，我建議是抓六小時。當你在安排工作時，不是把一天八小時塞滿，而是將六小時的工作量妥善安排在八小時的上班時間內，讓自己有些 buffer time 可以處理其他事情。

如果當天工作很順，沒有外部干擾，真的在六小時內完成了六小時的工作，此時你再從其他待辦工作中挑選工作出來處理，這樣你可做到較理想的日常工作控管。

Joseph 聽完又一次驚呼：「原來如此，我的加班真的都是自找的啊。」

✪ 不開會原則

高階主管日常工作中花最多的時間的事情大概就是開會了，我還在公司內擔任高階經理人時，尖峰時刻我一週平均得開十四個會議，也就是一天要開三個會議，而每個會議的時間大概都是二小時起跳，嚴格來說，我一天有四分之三的時間都在開會。

不過我一直都是一個很討厭開會的人，我認為會議並不總是一個最有效的溝通方式，有時用電話、信件或一份報告就能解決的問題，其實不需要開會，若要開會則一定要有目的，而且一定得跟我有關，我沒興趣當列席而無法提供想法的人。

如果我告訴 Joseph，不開會就能解決問題，那我就不開會了，所以後來他用每週的摘要來替代會議，並且成功讓自己每週少開一個會。我自己過去的記錄是在三個月內讓每週十四個會議減少到每週五個會議，而且每個會議都需要確保以下事項：

· **目的要清晰**。為何開會，要解決什麼問題，要獲得什麼結論？
· **成員要挑選**。能決定的人，意見很重要的人都需要參加才有意義。

· **相關人員要表態**。相關人員的意見必須充分表達，不要會後才表達意見。

· **結論要明確**。做或不做，怎麼做，誰來做都應該是明確的。

· **會議記錄要確實**。詳實記錄與會者的意見與觀點、會議記錄、待辦事項。

· **待辦事項要追蹤**。所有的待辦事項都要追蹤，若該做的事情沒做，會議等於白開了。

只要一場會議能滿足上述六個要點，開會才有意義。但我的原則是，能不開會就不開會，當你能不開會就把問題解決，此時你的溝通技巧一定可以倍速提升。

Joseph 提問：「Gipi，像是大部門的會議，或者公司的管理會議有可能不去嗎？」

我說：「管理會議是全公司主管都得參加的會議，有多重的意義在，有時可能覺得討論的議題跟自己沒關，但其實扮演產品經理的你，公司的大小事其實都跟你有關係，你調整一下自己的角色，看待這些會議的角度就會不同了。不過若你有時真的不想參加會議，你是可以先跟老闆請假並告知手邊有個緊急的任務得處理，然後你找好代理人代為出席，前提是這個代理人老闆信得過。我過去就曾經有很多次缺席管理會議的經驗，而且根據議題，我推派的代理人可能都不同，這就有助於分散整個團隊的負擔。」

⭐ 留點時間給自己

我是個非常重視效率的人，但我也體會過將工作塞滿給自己帶來的負面影響，緊湊的行程一個接一個，一場會議開完換另一場，一個工作

做完換下一個工作，所有的行程中間沒有 buffer time，生活像是被什麼追著跑一樣。

後來我運用六小時原則，拉緩自己的工作節奏，但我還有另一個習慣，那就是每週會給自己保留一些時間，這些時間基本上是不安排事情的，讓自己可以隨意運用，多數時候我會空下一個下午的時間，工作變化比較大的時候我會空下兩個下午的時間，讓自己思考或者處理一些沒來得及處理的事情。

在安排計畫時務必謹記以上五個原則與技巧，讓自己排出真正可行的計畫。

將工作排進行事曆：主動安排行程拿回主導權

回顧一下第二章時我曾問過大家，你的行事曆是屬於下面哪一種？

A. 行事曆上有滿滿的行程

B. 只排了會議行程

A.排滿了行程

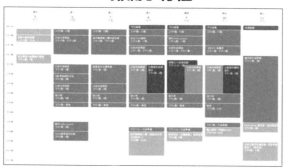

B.只排了會議行程

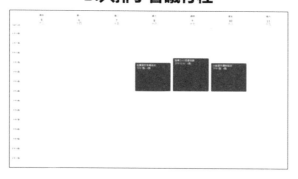

　　我相信很多人都跟 Joseph 一樣是屬於 B. 只排了會議行程，多數的工作要不就是由會議決定，要不就是臨時起意決定做些什麼。沒安排的那些時間，其實都在等著被安排，所以主動安排好行程才是拿回時間主導權的方法，而能主導的時間，也才有機會決定自己將把時間花在哪些事情上，才有可能掌握自己的績效與價值。

　　前面指導 Joseph 的過程我僅針對他執行的結果來給予建議，尚未讓他見識到完整的 OTPR 工作法的威力。前面兩個章節我們已經了解設定目標跟建立時間管理原則的重要性，也知道自己該做哪些事情來達成目標，接下來，我們就要把該做的事情一件一件排入計畫，並確保事情一一完成，順利達成目標。

　　以下我所談論的所有案例，都是以 Google Calendar 做爲唯一工具，我不會另外使用其他工具，如果有些朋友喜歡整合 Trello（工作管理工具，運用卡片的形式來管理每項工作）、Notion（線上筆記平台）或 Asana（專案管理工具，可用來進行專案的管理與多人工作協作），那請大家按自己的習慣做處理。我就單純使用 Google Calendar 做示範以確保大家在看完本書後都可以立刻用上。

　　Google Calendar 可以讓我們根據不同的目的去建立不同的行事曆，每個行事曆可以是一種分類，也可以是一個專案，而習慣上我會以顏色來區分不同類型的任務，讓我可以一目了然的掌握狀況。（圖 7）

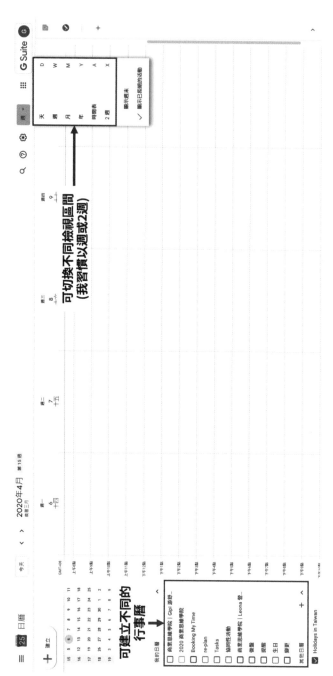

圖 7

我個人常用的行事曆分類主要有以下幾項：

1. **營運行事曆**：這指的是公司例行或重要的營運活動，例如課程、內外部活動等。
2. **協同性活動**：這指的是我需要跟其他人一同完成的行程。
3. **個人工作行事曆**：這是我在處理個人工作項目專屬的行事曆。
4. **變更行事曆**：指的是我行程中有更動的項目。
5. **Re-plan**：因為變更行事曆的事項而調整的那些工作項目。
6. **復盤行事曆**：專門用來記錄與回顧每天、每週執行狀況的行事曆。

以下我先以我做為範例，讓大家看看我怎麼利用這六個行事曆來結合 OTPR 工作法的應用。

首先我跟大家說明一下目前的生活與工作狀況：我從 2020 年創立商業思維學院以來，每週一到週五，每天都得發一篇文章跟一則音頻，除此之外，每個月有三至四場實作課程，絕大多數安排在平日的晚上，另外有其他幾個晚上我們會邀請外部的講師在線上幫大家上課，再加上我們還有一堆大大小小活動跟會議在發生。

平均而言，學院已經排妥的事情課程、活動，每個月大概會有二十項左右，我自己還有每天寫文的工作，以及學院其他經營相關的工作，例如回答同學們的問題、批改作業、準備課程，還有與外部溝通等等，事情其實非常多元，那我是如何安排我的時間的呢？

✪ 安排每週的工作行程

首先，我會先在前一個月底確認好學院所有的公開行程，也就是營運行事曆上的事情，下面這張圖就是學院 2020 年四月的營運行事曆，這

些行程我不見得全部都會參加，但我在安排事情的時候會刻意避開這些時間，以確保我想參加時隨時都可以加入，而關於時間衝突時的處理，我在後面的篇幅中會跟大家說明。

如果今天在公司工作，公司、部門的重要行程你得先確認下來，然後提早安排到行事曆中。有時候你可能先安排了某個行程，後來發現部門的行程跟你的行程衝突了，當這種問題出現，絕大多數狀況下，你得調整行程來配合。

所以提早確認問題，**把那些優先級較高的行程先確認下來，這可以大幅避免後續的調整。**（圖 8）

今天　＜　＞　**2020年4月**　農曆三月~四月　　Q　?　⚙　月 ▼　⋮⋮⋮　G Suite

週日	週一	週二	週三	週四	週五	週六
14 29 (初六)	30 (初七)	31 (初八)	4月1日(初九)	2 (初十)	3 (十一)	4 (清明)
● 下午5點 三月實作課：	● 下午9點 創作者社｜伯		● 下午8點 南區幹部會議			
15 5 (十三)	6 (十四)	7 (十五)	8 (十六)	9 (十七)	10 (十八)	11 (十九)
● 上午8點 社長早餐月會 / ● 上午10點 南區小組長 / ● 下午12點 語言學習小			商業思維學院中部線下課 / ● 下午8點 瑞幸咖啡線上	● 下午8點 創業家社｜允	● 下午7:30 職人講堂｜	● 下午7點 Case Study / ● 下午9點 北區小組長兌
16 12 (二十)	13 (廿一)	14 (廿二)	15 (廿三)	16 (廿四)	17 (廿五)	18 (廿六)
● 下午8點 社課 尹相志			商業思維學院南部線下課 / 週送代辦準備起！辦在 4/1 ● 下午7:30 商業思維學	● 下午8點 通識課｜小林		● 下午2點 產品社｜Pau
17 19 (穀雨)	20 (廿八)	21 (廿九)	22 (三十)	23 (四月)	24 (初二)	25 (初三)
● 下午4:50 商業思維學 / ● 下午10點 行銷討論	● 下午8:30 創作者社｜楊	● 下午7:30 商務社｜楊	● 下午7:30 商業思維學	● 下午8點 自由工作者社	● 下午7:30 全區小組長， / ● 下午9點 英語社 社員	
18 26 (初四)	27 (初五)	28 (初六)	29 (初七)	30 (初八)	5月1日(初九)	2 (初十)
● 下午10點 行銷討論 / ● 下午8點 職人講堂｜	● 下午8點 商業思維學｜	● 下午8:30 領導力十堂	● 下午7:30 商業思維學｜	● 下午8點 北區幹部月會		● 下午7點 商務社社會議 / ● 下午8點 數據社社會議

圖 8

回到週行事曆的狀況，大家可以看到營運行事曆當週的行程，基本上學院多數的行程都在晚上，而且是線上形式，這幾個時間，我會先保留下來。（圖9）

接著，我接著會安排的是協同性活動，協同性活動代表我**需要跟其他人一起完成的工作**。學院在四月份時有很大的工作內容調整，因此團隊每天早上會有一個約半小時的 meeting，可能還會有一些需要跟外部合作夥伴或學員們討論的行程。（圖10）

協同性活動通常與他人有關，如果要更動，那就會影響到他人，反過來，如果他人要更動，也會影響到我們，而且相關的人愈多，被變更的機率也會提升，日常工作中，變更的主要來源之一就源自於協同性活動。例如敲好的會議對方突然有事，或者他被前一個行程耽擱到，這些都會影響到你計畫的行程，所以提早確認是有必要的。

協同性活動的另一個問題就是得確認彼此的認知與期待。如果是自己的工作，你通常比較清楚該做些什麼？目的是什麼？但與他人協同的工作，很多時候你得搞清楚對方的目的是什麼？希望達成些什麼？面對此事的心態是什麼？加上每個人的性格跟工作態度都不同，一般而言，這也是工作中比較難以管理的部分。

綜合以上，協同性活動難以管理的原因有二，第一個是**需要所有人都能管好自己的行程**，第二個則是**得同時滿足不同人的期待**。而這就是為什麼我將協同性活動的行程放在第二順位安排的原因。

在協同性活動之後，我會開始安排我個人的行程。（圖11）

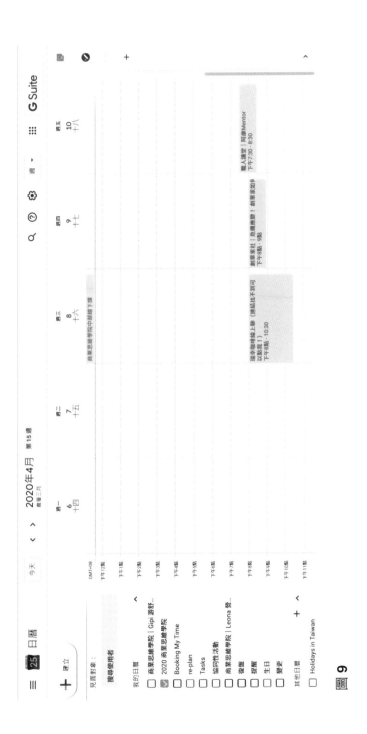

圖 9

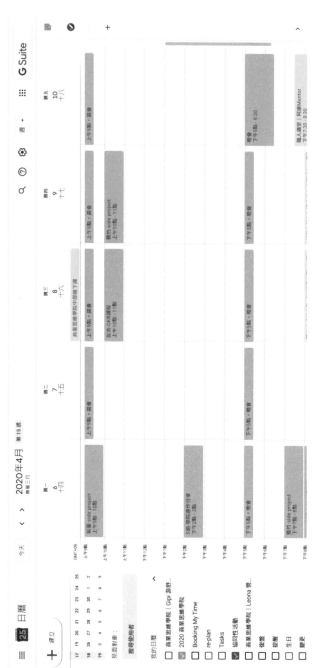

圖 10

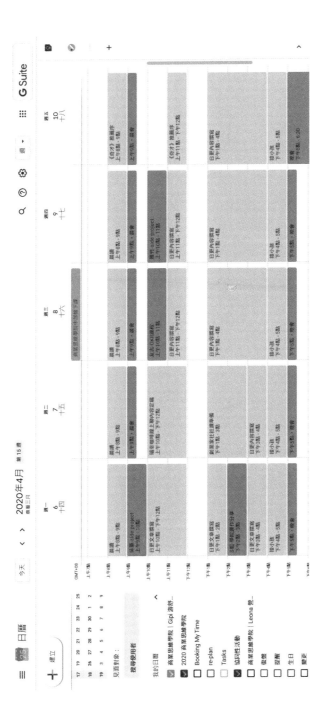

圖 11

　　因爲 2020 年新冠肺炎的關係，當時絕大多數時間都在家辦公，所以接送小孩的任務就落到我身上了，我每天早上八點鐘前會送小孩去學校，下午四點鐘去接小孩放學，這兩件事我會先安排上去。

　　八至九點的時間則是我晨讀的時間，我可能會看書或者看影片，有時如果有一些書的推薦序要寫，我會安排在這個時間。

　　除此之外，多數時候我也會在每週安排二個左右的運動行程，確保自己能保持身體健康，讓學習與運動這兩件事能持續發生，而不是想到才做。

　　而因爲我每天都要出一篇文章跟一則音頻，其他的時間大多是安排用來寫作。由於每篇文章的長度大約在四千字左右，如果我可以專注的寫，每小時可以產出一千字左右，也就是說要產出每天的內容，大概需要花我四小時的時間。其他的時間我會用來準備課程，或者批改同學的作業或者回覆同學的問題。

　　扣除協同性活動的時間，我每天可以專心做事的時間大約是六個小時，因爲我很少 check mail，也很少會去查看社交媒體的訊息，大概都是中午休息時間看一下，所以其他時間除了家裡的事情外，會干擾我的事情其實蠻少的。

　　上面的說明是以我個人做爲範例，我的狀況或許比較接近自由工作者。如果你是專業經理人，那你的行程或許會跟 Joseph 相似，你可以參考 Joseph 的案例，但如果你是業務員呢？業務員的日常工作一般來說也蠻規律的。

　　多數業務的生活撇不開幾件事：

　　1. 取得與篩選名單。業務開發的前置工作就是得先有電話或 email 等聯絡資訊，這些稱之爲潛客或名單，一般而言在開發前會先初步篩選，

根據對象的行業、公司規模等分眾，篩選出比較有機會的商機。

2. 陌生開發。 篩選完名單後，一般會先透過電話或 email 進行第一輪接觸，透過一些基本的訪談或討論，識別哪些客戶有較高的商機，然後跟對方敲定時間登門拜訪，或者在電話中直接做銷售。

如果你是面銷型的業務，一天大概都會安排好幾個拜訪，如果一天可以約六個就不要約五個，勤快，是業務的美德。

3. 客戶資料整理。 每天去拜訪客戶回來，有時可能無法短期成交，但業務仍必須將拜訪過程的相關資訊整理好。一來確保自己對這個客戶的理解夠多，二來也是協助公司提高對這個客戶的掌握。

4. 客情維繫。 永遠要確保客戶對我們的產品與服務是滿意的，三不五時得打電話關心一下客戶，看看客戶是否有碰到哪些問題，這除了讓客戶感到安心外，也可以順便挖掘一下客戶的其他需求，讓客戶再加購公司其他產品。

5. 提案、報價、請款。 這類文件處理與行政流程基本上也是業務工作的一環。

一位老練的業務是，每天早上一早排計畫，然後出門拜訪客戶，中間用空檔時間做客情維繫；每天拜訪完客戶後回到公司進行客戶資料整理，或準備提案、報價、請款。除此之外，每週可能會安排一天做名單的處理，這就是業務很典型的一天。

你可能是個自由工作者，但你的行程跟我有很大的差異，你可能是個專業經理人或 PM，但你的行程也不像 Joseph 一樣，你可能是個業務員，但你的行程安排並不是如此有規律。

我想告訴各位的是：那是因為你還沒好好使用 OTPR 工作法，當你願意擁抱它，你會發現規律的生活原來沒有想像的困難，多數的問題出在自己一直沒有用正確的觀念來規劃生活。

對行程進行模擬：提早選擇、排除不確定性

當我把營運行事曆、協同性活動與個人行程都排上去後，下一個動作就是先模擬一次本週的計畫。

在模擬過程可能會發現一些行程上的衝突，比如說同一個時間可能會有一堂 Mentor 的課程跟一場會議，本來的計畫是去開會，而不去聽 Mentor 的課程，但因為 Mentor 提出邀請，我決定更改行程，而原先要出席的會議並不會因為我的無法出席而取消。但我習慣上就是會「將我不出席的行程」從行事曆上移除，所以大家可以看到我行事曆上同一時段並不會有兩個以上的行程。

每週日，我除了會安排當週的行程外，也會確認有出現行程衝突的時段我預計會出席哪個行程，**「提早選擇」**這個動作讓我不用每次都在兩個行程間猶豫不決，一旦決定了，就按著計畫去執行。

多數狀況下，行事曆本身具有優先順序——營運行事曆 > 協同性活動 > 個人行程。但有時也會有例外，舉例來說，如果我因為家裡有事情，所以本來要創作的時間被拿去處理私事，這導致我要上稿的文章進度落後，可是隔天該篇文章就要上稿了，此時寫文這件事的重要性就拉高，此時我可能會將一些協同性活動的時間往後調整。

上面這些問題都會在模擬過程中發生，讓我們可以提早調整行程，做完行程的模擬與微調後，每週的行程就初步安排好了。

✪ 排除不確定性

完成上一個動作後，我們的週計畫已經有了初步的雛型，但我們還需要做一個動作，來大幅提高週計畫的可行性，這個動作叫做排除不確定性。

所謂的**不確定性指的是那些我們沒有足夠把握的事情**，舉例來說：

我不確定開完週三的會議後能否獲得明確的結論。
我不確定這件事我花二個小時能否做完。
我不確定我交這樣的報告給老闆會不會是他要的。
我不確定週四那個會議 John 會不會出席。
我不確定我做這件事對改善客戶滿意度有正面的幫助……等等。

若你對做一件事情能產生的影響沒把握，很大一部分原因就源自於不確定性，而**盤點出不確定性的目的，就是為了讓我們可以盡早將不確定性排除，讓一切變有高度確定性**，這樣才能確保出錯率降低。這不是為了百分之百規避錯誤，而是為了提高計畫的可預期性。

常見的不確定性有三種，以下我一一跟大家說明。

．時程的不確定性

第一種是關於時程的問題，可能是**估算不準**，到底是二小時還是四小時，把握度沒那麼高；也可能因為**相依性**，必須要等 A 工作完成才能進行 B 工作，但 A 的狀態還不清楚，所以 B 的啟動時間也不確定，有時得等老闆決策才能動工，得等客戶需求才能規劃，得等合作夥伴回覆時間才能敲定會議，這些都屬於時程不確定。

針對估算問題，如前面我所提，就是要盡可能的拆細，並為每個細項工作定義交付產出，確保認知一致，而且有辦法驗收；針對相依性問題，只能將確認的時程提早，不要等到本週要排行程時才跟對方確認，而是可以提早兩週或更早的間跟對方確認清楚。

· 資源的不確定性

所謂資源的不確定性指的是，要完成一個任務所需要的種種資源是否到位，這些資源包含人、錢、器材或其他資源。

如果你要蓋房子，今天要挖地基，結果工人都到了挖土機卻沒來，或者挖土機到了，但卻沒有人會操作，這些都是資源問題，你得提早確認這些問題不會發生。

或者有一件事情預估出來的工作量是三個人花一天的時間完成，因此你安排明天讓 Jimmy、John、Joe 三人一起投入執行這項工作，但你尚未跟這三個人敲定時間，若你很天真的以為這三個人隨時可以來處理你的事，那很容易就開天窗了，要避免這類問題，你得事先跟對方敲妥時間，並確認對方其他行程已經排開。

做好計畫並確保資源會準時到位，這是處理資源不確定性的核心重點。

· 執行的不確定性

前面我們曾提過，很多事情本來已經談妥，但因為過程中上會有變因發生，如果一件事情涉及的人愈多，我們要確保一切如常難度就會提高，尤其是協同性活動。我跟 Joseph 可能約定好週三早上要討論事情，但他有可能會被老闆找去開會，我也有可能去處理緊急任務。

時程與資源的不確定性是可以在規劃時期提早處理的，但執行的不確定性卻永遠都在，我們能做的是**盡可能讓事情不生變，或者在不受時地限制狀況下還能完成**，例如要討論事情是否能先透過郵件，各自表達自己的想法，然後透過電話十分鐘談妥，將重點放在做那件事要達成的目的，而不要受制於非得見面，非得以會議的形式才能討論，那你就不需要將時間固定在週三的十至十二點鐘以會議的形式來完成該任務了。

當控制變得困難，你就得想想其他更有效率的方法，針對執行過程遭遇的種種問題，我在下個小節中會跟大家做更多的說明。

執行計畫：按表操課與應變管理

排妥計畫，可能會讓你感到亢奮，但接下來就是執行了，執行過程只有兩大重點，就是**按表操課**與**變更管理**。

✪ 按表操課

指的是按著計畫來執行每一件事情，如果排好九點要準備報告，在沒有特別原因的狀況下，你就不應該跑去開會；如果排好晚上八點要去運動，那你就不應該做在電腦前看影集。很多時候，你的行程不是被別人打亂，最大的亂源就是自己，若缺乏執行力與紀律，計畫排的再縝密也是沒有用的。

如果執行過程的任務是屬於協同性活動，或者相依於他人工作成果的事情，那再次確認對方的狀況也是必要的，你不能期待時間到了事情自然發生。如果是一個月前跟對方敲了一個會議，那兩週前你得跟他確認一次，三天前再確認一次，當天再確認一次，這可確保在有變化時你能提早知道。

如果對方答應要在下週三交付設計稿給你，讓你可以往下進行規劃工作，那你可以請他本週先給你草稿，下週一再給你視覺呈現，確保他一直都在進度上，這也是確保執行不跳票的方法。

過去我曾聽過最極端的案例是，為了確保某個大忙人能在今天產出企劃書，PM 當天早上就在公司門口等他，然後預約了一間會議室，就在會議室中陪（監督）他一整天，要他一定得在今天將企劃書完成。

如果一件事情足夠重要，你得用盡各種方法讓它發生。

✪ 變更管理

　　執行過程難免會發生與預期不符之處，那我們就得針對這些變動進行變更管理（change management）。變更有時是源自於外力，例如會議多開了一小時，老闆插單，發生客訴案件；或者是自己主動去調整，例如觀察到某位成員的工作狀況不佳，先停掉手上的任務，先約他喝杯咖啡，有時則是因內心對優先順序的認定變了，所以調整了行程。

　　如果你沒有先做行程模擬或消除不確定性，那執行過程一定會出現非常多的不如預期，但若你事先做了這兩件事，我相信執行過程遭遇的問題絕大多數會在你的掌握內。

　　不過天有不測風雲，當我們處在變動的環境中，很難有百分之百篤定的事。老闆可能會有臨時的插單、產品可能會出錯、同事可能會生病、合作夥伴可能會倒閉，如果這些事在盤點不確定性時已經盤出來了，那就提早因應，如果沒有盤點到，那我們就得隨機應變了。

　　一般而言，我們在面對變更時，通常會有三種處置方式：**同意、暫緩或拒絕變更**。

　　舉例來說，今天下午我本來安排時間要寫作，但有個客戶打電話給我說希望下午跟我討論事情。此時，我可能會做的選擇有兩種，第一種就是接受他的請求，我更改我的行程來配合他，這就是**同意變更**；第二種狀況是我跟他另約時間，明確的告訴他我本週的時間不行，可能得安排下週二或三的下午，我另外排了一個時間給他，這就是**暫緩變更**。

　　再舉個例子，如果你老闆要求你立刻做一件事，你除了同意變更外，是否有可能暫緩變更或拒絕變更呢？一般而言，**面對高階主管或客戶的需求我們很少會拒絕，最常使用的是暫緩**，告訴對方：

　　「這個建議太棒了，我們可以排入下次的會議中討論。」表示更改目前的行程茲事體大，需要跟大家一起評估風險，藉此把時間緩到下次

會議後。

　　「這想法太有洞見了，我們可以在下個版本中排進去。」這版本已經沒辦法了，我們下個版本再排看看吧，很多時候老闆只是臨時起意，真的面臨一堆需求選擇時，他就會意識到這次提的東西根本微不足道。

　　「我覺得我們真的得認真考慮一下這件事，我們花點時間評估一下再看怎麼安排。」讓事情不在這個當下發生，一來讓老闆有點時間再想想，二來也讓自己有更多準備的時間。

　　如果你們老闆是可以溝通的人，那我會建議你直接跟他理性溝通，讓他理解目前的資源有限，如果他確定要加新需求，那舊的工作可能得拿掉一些，而新換舊是否划算呢？若可以，那我們也可以準備好數據來跟老闆溝通，幫助他看清楚這個變更的價值以及代價。

　　在專案管理中，多數的時候專案經理花最多時間處理的就是變更，所以有一句話說專案管理的本質就是變更管理。

　　不過面對變更時，我建議大家先建立幾個基本心態：

　　1. 變更是一定會發生。不要過度追求 0 變更，這會讓你付出很大的代價，發生變更雖正常，但你也不能接受有很大比例的工作老是發生變更。簡單的說，不要追求 100% 的完全一致，但你也不能接受 50% 的不一致，若要抓個比例，或許 70 至 80% 與計畫一致是相對好管理又不失彈性的。

　　2. 減少變更是我們的責任。雖然變更一定會發生，但我們不能把所有的變更都視為理所當然，你可以在規劃時識別出不確定性，也該在執行過程中按表操課將能掌握好的部分給處理好，盡可能的減少變更。

　　3. 有價值時，歡迎變更。如果你發現有其他事情比現在做的事更有價值，那盡快放下手邊的工作，快去做更有價值的那些事。有時人們會

覺得放棄掉現在手邊做到一半的東西是一種浪費，所以更傾向把手上這件事做完，而放著更有價值的事情在一旁等待，這種做法並不理智，當機立斷，停下手邊任務，馬上投入更有價值的任務通常是更好的選擇，不過這麼做的前提是我們已經充分的討論過事情的價值。

4. 減少變更帶來的衝擊。如果我們同意或暫緩了變更，一定要記得降低衝擊，不要讓變更帶來災難性的影響。舉例來說，在你還不確定一個策略的可行性前，你可以做局部測試，驗證有效後再擴大實施，最後才是全面施行，絕對不應該冒險在一開始就全面施行。

如果你想學習專案管理，但一直都沒有實際的專案讓你管，我建議你就把自己的週行事曆當成一個專案，好好落實我上面這套工作法，一年你就能跑五十二個專案了，按這個速度，我相信你很快就能學會專案管理的重要精髓，未來當你真的接手一個專案時，我相信你會很快上手。

✪ OTPR 實作才能體會

我一邊談著專案管理的重要觀念，Joseph 一邊做著筆記，開口問我：「我覺得我們團隊每個人好像都需要用這套方法來管理自己的工作，但我擔心他們會誤以為我想要監督他們，不知道有沒有什麼好方法可以溝通這一塊？」

我說：「我一開始叫你做這件事的時候你怎麼沒反彈？」

Joseph 說：「我也不知道，可能我真的遭遇到問題，希望有人能協助吧。」

我說：「讓他們意識到你這麼做是為了協助他們解決問題，取得這層信任感後，他們的接受度自然會大幅提高。」

Joseph 說：「懂了，那我還有一個問題。就是你前面提到的建立原則、

模擬行程、排除不確定性等，觀點很新穎，我覺得點破了我過去一些盲點，但實踐起來眞的有一定難度，我不知道該怎麼帶團隊去做，你有什麼建議嗎？」

　　我說：「我們所處的工作環境變化很大，我所提列的原則不見得適合每個人，我也不可能幫每個人都識別出他的原則，我只能透過我的範例讓大家知道原來這件事可以這麼做，然後大家多多嘗試，並運用 Retrospective 的技巧來回顧，讓自己的原則愈來愈有跡可循。所以如果你問我怎麼學習，那就是像你這一個月做的事一樣，先做一陣子吧，OTPR 是透過做才能學會的學問，我相信這件事得做了才能體會。」

PART 7

R – Retrospective，
回顧與復盤

✪ 日回顧：對過去的事盤點、檢討與自我提問
✪ 週回顧：準備時間長，以週為單位的事
✪ OTPR 的下一步：延長週期與休耕期

　　你是否有過這樣的經驗？剛剛在會議室中跟某個人爭論不休，或者持相反意見，但在現場的時候卻難以說服對方與其他人，整個會議的結論完全偏向你最不期望的方向去。

　　就在你離開會議室或者走下樓梯那一刻，你腦袋突然靈光一閃，瞬間想到說服他人的完美說法。心裡非常懊惱「唉，我剛剛說那什麼蠢話，如果我剛剛這麼說就好了，可惜太遲了」。

　　這種在事後才突然展現的智慧，有句法國用語稱之為「L'esprit de l'escalier」，若要翻譯成中文的話叫做「階梯的機靈」，意指這些機靈總發生在步下最後一級階梯時，也可以稱之為事後的機靈。

　　Retrospective 就是在刻意創造「L'esprit de l'escalier」時刻，過往我們很少對自己做的每件事、說的每句話，做的每個決定進行回顧與復盤，所以我們很容易犯重複性錯誤，在同一個坑裡屢次跌倒。

　　Retrospective 是 OTPR 的第四個步驟，這個步驟分成兩部分，**回顧與復盤**。

　　回顧，是讓我們反思這段時間所做的每件事，哪些地方做得好？哪些地方做不好？做得好的可以維持，做不好的地方就要提出改善方案，並進行調整。我們遭遇了哪些阻礙？未來又有哪些風險？

　　復盤，這是個棋類用語，指的是在每下完一盤棋之後，重新在棋盤上把對弈過程走一遍，讓棋手在重走一遍的過程中重新思考每一子棋如果當初沒這麼下的話會怎麼樣。我借鑒了這個概念，用在 Retrospective 中，讓我們在回顧之後，重新走一次本週的每一步，想想若當初做了其他選擇，可能會獲得什麼樣的結果。

日回顧：對過去的事盤點、檢討與自我提問

　　我在第二章的時候與 Joseph 曾一起做了一個月的練習，其實那就是一個很典型的回顧過程。我請他先做好計畫，然後盤點出計畫與實際之間的落差，並將變更的原因加以分類盤點，你就能很輕易的知道自己時間的使用狀況，下一步，當然就是持續改善了。

　　此時 Joseph 提問：「我做回顧也一個多月了，這段時間我覺得自己生活的方向漸漸明確，我除了比較知道自己在做什麼外，也比較清楚問題在哪，以及怎麼跟你討論來解決我的問題，我想知道是否有辦法讓我進步的節奏加快。」

　　我說：「過往你是以週為單位進行回顧，或許你可以試著以天為單位進行回顧，每天結束前馬上回顧一下今日。」

　　Joseph 提問：「每日回顧該怎麼做呢？感覺時間太短，好像很難盤點出太多東西。」

　　我說：「重點不在數量，而在不停識別你的原則，並讓自己的調整節奏加快。」

　　Joseph 說：「對了，你說要建立自己的原則，我也一直沒找到。」

　　我說：「你現在凡事都要先做規劃，而且你也開始要求你的團隊做這些事；你也知道最常中斷自己工作的人是誰，然後你也漸漸知道怎麼面對它；面對那些插單工作，你知道哪些可以接受，哪些應該暫緩，這些都是你的工作原則。你不是沒找到，只是沒意識到。」

　　Joseph 說：「你這麼一講，好像真有這麼一回事。」

　　我說：「回顧就是創造一個機會，讓我們有機會針對過去這段時間發生的事情好好做盤點、檢討與思考如何改善。以月為週期，我們可以經歷過月初、月中、月底等開始與結束的狀況，但一個月的時間太長，

多數的公司都是以週為週期在進行經營狀況的檢視，所以通常都是週一計畫，週間執行，隔週一檢討並計畫當週。因此以週為單位進行回顧與復盤是最常見，也最能貼近企業的。」

Joseph 說：「這麼說來，我是不用做日回顧囉？」

我說：「當然不是，你打過排球嗎？」

Joseph 說：「我大學打系排的，怎麼了？」

我問他：「你們球隊在比賽時，哪些時間會做檢討？整個賽後、每場比賽後、每局之後，或者每一球之間？」

Joseph 說：「大多是在每場比賽之後。」

我說：「我們球隊在上面每個環節都會做。」

Joseph 疑惑的問：「怎麼可能？這怎麼做？哪來的時間？」

我說：「在球與球之間，我們會透過互相提醒，很快的交換一下自己的觀察。例如對手哪個點比較強、哪個點比較弱？己方誰狀況好、誰狀況不好？我們會隨時調整站位與戰術。而在局跟局之間，大約有兩分鐘的時間，我們會做上場球員與隊形的調整，讓我們與對方的對位形成優勢。在場跟場之間，通常會有兩個小時左右的休息時間，如果上一場球我們有哪些點特別弱，那這兩個小時就是讓我們補強，例如某個成員接手的手感不對，那就趁這段時間補強一下，兩個小時的時間要改善球技大概不可能，但要讓身體適應節奏，還是做得到的。而在比賽後，我們會針對方方面面進行檢討，例如有成員的肌耐力太差，打的局數太多就腿軟，有的成員打到一半抽筋，我們會去強化肌力訓練，或者更重視賽前熱身。總之，賽後的檢討，會成為我們往後練習的參考依據。」

Joseph 說：「所以你的意思是，不同的回顧週期，要看的東西是不一樣的，因為能看到的與能改變的其實都是相對受限的。」

　　我說：「可以這麼說。如果我明明可以在下一球就修正，為什麼要等到下一局或下一場，如果你可以今天就修正，為什麼要等到週末呢？以下我就用你的案例來示範一下如何做每日回顧。」

　　為了在同一個工具介面中處理，我習慣在 Google Calendar 中加一個新的行事曆——每日回顧。我會在每天晚上回顧一下今天所發生的事情。

　　我說：「Joseph，我以你的行事曆作為示範，針對七月十三日的行程，我完成了以下回顧與復盤。」

回顧

1. 有做協同性工作確認，避免了兩個會議的變更。
2. 研發團隊週會很浪費時間，主因是缺乏討論主題，主持人也臨時缺席，又沒有人能決定不開 Lesson-learned：開會一定要有主題，主持人跟 keyman 一定要出席，不能出席也要指派代理，若無代理情願不開。
3. 產品緊急案件缺乏 SOP，應該可由 Leon 直接處理，Leon 預計在 7/20 完成 SOP 並發布。

復盤

1. 研發團隊會議進行中，在大家討論很發散時，我只想著去做自己的事，若當時我協助將主題拉回來，或許我們可以提早結束會議。
2. 產品發生緊急案件時，客服部門通知我，我就馬上中斷了正在進行的會議，回想起來，當時我應該直接 pass 給 Leon，並讓客服部門直接對他就好，這樣下次窗口就直接對到 Leon，我便不用中斷我的工作。

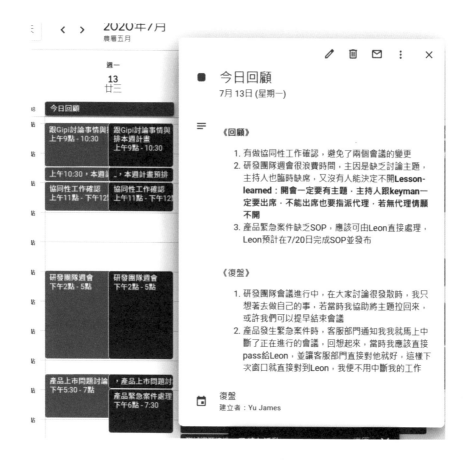

　　我說：「這些內容可以就直接記錄在行事曆上，不需要另外切換工具，每天結束後都可以有一個回顧，這樣的回顧會很及時，如果我們總習慣週五做一次總回顧，有時會忘掉週一的狀況，回顧就可能不完整。

　　「而且有些動作其實是在日回顧後馬上可以啟動，也沒必要等到週回顧時才一次處理，如果日回顧後你認為隔天就得採取行動，或許你就該更改既定行程，去做那些更有價值的事情。」

　　Joseph 說：「這樣的回顧很仔細，感覺像是一種記錄。」

　　我說：「回顧不是僅為了記錄，而是一個反思過程，一個建立決策原則的過程，而重點在於能建立起原則，或產生思維或行為上的改變。以上面這個案例來說，『**Lesson-learned：開會一定要有主題，主持人跟 keyman 一定要出席，不能出席也要指派代理，若無代理情願不開**』，這是你在研發管理週會回顧後建立起來的會議原則，以後面對各種會議，你可能就會以這個原則去應對。而『**請 Leon 將緊急案件處理的 SOP 建立並擔任負責人**』，則是你在事後採取的行動，讓問題不再卡在你身上。」

　　Joseph：「原來如此。」

　　我說：「我再拿你前一週週二的狀況做一次日回顧，那天晚上你打電話給我，說你被 CEO 找去討論的事情，覺得花了很多時間，但沒什麼具體效果的事情吧？那天我給了你一些建議，你也照著做了。」

　　Joseph：「我記得，所以我現在才不用一直被追殺。」

回顧

1. 異常案件檢討會議所花費的時間超過預定時間，耽誤到與 John 的會議，只好跟 John 改期。

　　Q：爲什麼我沒在三點鐘中止異常案件檢討會議然後去跟 John 討論
　　　　跨部門合作事宜？

　　A：並非 John 的事情不重要，而是當前會議有十多個人，而我們顯
　　　　然還沒討論完，我自己離席似乎不太對。

　　影響：延後與 John 開會的時間，並且影響到週三原先的任務。

2. 本來想要早點下班，但五點又臨時被 CEO 找去討論事情，其實想拒絕，
　　但不知道如何拒絕起。過程中他除了提新需求外，更多的是談論關於
　　新產品的市場布局想法，但因爲我沒有太多準備，所以多數狀況是在
　　聽他講。

復盤

1. 針對異常案件檢討會議

　　・在異常案件檢討會議中，中間有一段時間非常發散，若當時我協
　　　助將主題拉回來，或許不會拖到下一場會議。

　　・在異常案件檢討會議中，在二點半左右我就知道會延遲，那時其
　　　實我是有機會先請大家討論需要我一起討論的案件，讓我可以在
　　　三點鐘時準時離開，但我沒這麼做，如果當時我這麼做，應該也
　　　不會延誤到下一場會議。

　　・有鑑於兩個會議連太緊，一旦前一個有所延誤就影響到後一個，
　　　如果我安排行程時將兩個會議間間隔十五至三十分鐘，或許就解
　　　決了。

2. 針對 CEO 臨時找

　　四點三十分左右 CEO 祕書來電，表示 CEO 想找我討論新產品的一些

事，然後問我五點的時間是否方便？我本來打算六點下班，但想想
CEO 的要求拒絕不太好，所以還是硬著頭皮答應了，結果就一路忙到
八點鐘，中間很大一部分的時間是他在跟我解釋他對市場的想法，
以及這個產品在整個產品組合中的角色。

連續兩個禮拜都被臨時找去開會，但中間有許多時間他都在談市場，
但我在這塊的經驗真的比較少，所以溝通上的效率比較差，後來找
Gipi 詢問，他的建議如下：

· 針對前兩次提問的內容準備資料，確保下次討論時可以更聚焦。

· 主動同步新產品的狀況，如果必要，主動跟 CEO 敲一個每週半小
　時的同步會議，在管理會議上也會同步報告進度。

· 主動安排好過被動等待。

✎ 🗑 ✉ ⋮ ✕

● **今日回顧**
7月7日 (星期二)

《回顧》
1.異常案件檢討會議所花費的時間超過預定時間,耽誤到與John的會議,只好跟John改期
Q:為什麼我沒有在3點鐘中止異常案件檢討會議然後去跟John討論跨部門合作事宜?
A:並非John的事情不重要,而是當前會議有10多個人,而我們顯然還沒討論完,我自己離席似乎不太對。
影響:延後與John開會的時間,並且影響到週三原先的任務

2.本來想要早點下班,但5點又臨時被CEO找去討論事情,其實想拒絕,但不知道如何拒絕起,其實過程中他除了提新需求外,更多的是談論關於新產品的市場布局想法,但因為我沒有太多準備,所以多數狀況是在聽他講

《復盤》
1.針對異常案件檢討會議
(1)在異常案件檢討會議中,中間有一段時間非常發散,若當時我協助將主題拉回來,或許不會拖到下一場會議。
(2)在異常案件檢討會議中,在2:30分左右我就知道會延遲,那時其實我是有機會先請大家討論需要我一起討論的案件,讓我可以在3點鐘時準時離開,但我沒這麼做,如果當時我這麼做,應該也不會延誤到下一場會議。
(3)有鑑於兩個會議連太緊,一旦前一個有所延誤就影響到後一個,如果我安排行程時將兩個會議間間隔15-30分鐘,或許就解決了。

2.針對CEO臨時找
4點30分左右CEO秘書來電,表示CEO想找我討論新產品的一些事,然後問我5點的時間是否方便?我本來打算6點下班,但想想CEO的要求拒絕不太好,所以還是硬著頭皮答應了,結果就一路忙到8點鐘,中間很大一部分的時間是他在跟我解釋他對市場的想法,以及這個產品在整個產品組合中的角色。

週二
7
十七

今日回顧

整理專案進度報告
上午9點 - 10點

整理專案進度報告
上午9點 - 10點

管理會議
上午10點 - 下午12點

管理會議
上午10點 - 下午12點

異常案件檢討會議
下午1:30 - 3:30

異常案件檢討會議
下午1:30 - 3點

跟John討論跨部門合作
問題
下午3點 - 4:30

異常案件跟進資源協調
下午3:45 - 4:45

CEO臨時找
下午5點 - 8點

我說：「其實光是這一天的回顧跟復盤就很多了，但你有沒有發現你隔週一跟我討論整週進度時，你在今天的事件上輕描淡寫就帶過了，如果你有做日回顧，那當天的內容肯定是很深刻的。」

Joseph 說：「說得是，那天對我的影響確實很大，那天你問了我三個問題：

「第一個問題：為什麼我沒有立刻中斷會議去找 John？

「一開始我還覺得這也算是個問題嗎？當然是因為還沒結束現在的會議啊，不然我怎麼可能不去找 John。

「但你接著問第二個問題就真的難倒我了，你問我：是跟 John 討論合作的事情比較重要，還是現在把這個會議開完比較重要？

「我心裡其實是覺得 John 那個會議更重要，但我卻選擇繼續把現在的會議開完。我的想法跟行為中間是不一致的。

「然後你又問了第三個問題：為什麼你明明覺得跟 John 碰面更重要，卻選擇繼續留在現在的會議上？

「我記得我的答案蠻蠢的，我說：因為現在現場還有十多個人，我先離席好像不太好。」

Joseph 說：「你這三個問題讓我找到真正的問題在哪，所以才有機會去調整，說到這，我想請教一下，如果我希望能自己對自己提問，不需要老是來麻煩你的話，有什麼好方法嗎？」

我說：「這就是我接下來要講的，回顧與復盤要能做得好，還有一個核心關鍵就是**自我提問**。」

✪ 自我提問：了解他人也認識自己

所謂的自我提問就是透過自問自答的方式來讓自己更理解一件事情

背後的脈絡。一個簡單的自我提問範例是這樣的：

> Q：「爲什麼我該學習商業思維？」
> A：「可以強化自己的競爭力啊。」

> Q：「強化哪方面的競爭力？」
> A：「就更理解商業觀念後，可能工作的價值會更高。」

> Q：「到時候我要如何驗證我的競爭力是不是提升了呢？」
> A：「嗯⋯⋯這問題我答不出來⋯⋯。」

當我們面對一個「抉擇點」時，我不知道該怎麼做，或者我也不清楚爲何自己會做這樣的決定時，你可以透過自我提問來確認自己的認知層次，如果你可以很好的回答這些問題，那你做出的決定通常是有跡可循的；如果你無法清楚回答自己的問題，那最少你知道你卡關的地方在哪，你應該對他人提出什麼樣的問題。

如果應用在工作上呢？如果你的老闆交辦了一個任務給你，你在對他提問前，你要如何透過自我提問來避免自己問出蠢問題呢？

> Q：「爲什麼要做這件事？」
> A：「當然是要增加營收啊，不然呢。」

> Q：「爲什麼覺得這麼做會對營收有幫助？影響性大概多少？」
> A：「流量會增加，但會增加多少說實在的也不確定。」

Q：「如果不能確定增加多少流量，那我怎麼去估算對營收的影響呢？」

A：「可能現在業績停滯了，暫時也想不出其他方法了吧。」

透過這些簡單的自我提問，你對老闆的提問可能會是：「老闆，我大概可以猜想這件事能帶來流量，並轉為訂單，但我想了解一下您的細部想法，我這邊更好去估算可能的效益，也能把事情做得更到位。也想了解您的整體構想，我好再來想想如何讓效益最大化。」

自我提問有時也是一個認識自己的過程，如果你廢寢忘食的去做一件事，但你也不知道自己為何會如此投入，你可以這麼對自己提問？

Q：「這麼投入在這件事情上，我追求的是什麼呢？」
A：「我也不知道，就覺得快樂吧。」

Q：「為什麼做這件事會感到快樂呢？」
A：「我覺得自己在做一件很有意義，能幫上其他人的事情。」

Q：「為什麼幫助其他人對你來說這麼重要呢？」
A：「以前我覺得這世界不存在無償為他人付出的人，但在這邊我看到很多人都是這樣子，改變了我對世界的看法，我也想成為那個樣子。」

這是很多人在自我探所過程中會使用的技巧，我覺得大家都可以好好善用一下，但問題這麼多，我們要在哪些狀況下做自我提問？又該提問哪些問題呢？

以下幾個是自我提問很好的時機：

1. 計畫與實際之間有明顯落差時，簡單的說就是產生變更時，你得問自己幾個基本的問題：

　　·為什麼發生這樣的問題？

　　·為什麼在當下我做了這個決定或選擇？

　　·如果我做了另一個選擇結果會怎麼樣？

　　·是否有任何補救措施？

　　·下次再發生時，我打算如何處理？

2. 行為與思維間有歧異時，你明明認為該採取行動，卻沒有任何動作，明明覺得選擇 A 才是對的，最後卻選了 B，此時你也得問自己幾個基本問題：

　　·為什麼我的行為與思維不一致？

　　·如果按腦袋裡面想的去執行會有什麼問題嗎？

　　·下次再發生時，我會如何處理？

3. 與他人無法取得共識時，我們在工作中時常會發生與他人意見不一致的狀況，而且並非每次都能獲得共識，此時我也有幾個基本問題：

　　·為什麼我如此堅持我的意見？

　　·採納對方的意見會怎麼樣嗎？

　　·我能讓步多少？我又希望對方讓多少？

　　·誰能協助我們？

上述三個狀況是自我提問最常使用的時機點，我個別舉一個案例給大家參考。

　　我本來在週三早上安排了兩個面談，以及一個跨部門會議，但當天早上臨時被叫去跟上海行銷團隊開會，導致有三個行程得更動，這符合計畫與實際間有明顯落差的情境。

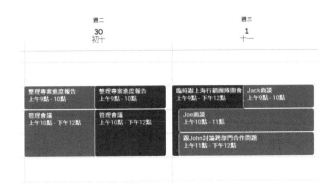

　　此時你可以這麼對自己提問：

Q：「為什麼我會選擇接受這個臨時的邀約而放掉其他三個行程？」
A：「Jack 是我團隊的成員，我想說跟他的時間比較好敲……。」

Q：「那 Joe 跟 John 的約又該怎麼說呢？」
A：「其實我是想說他們都在台灣比較好約，但上海的邀請可能比較難敲？」

　　Q：「所以如果是來自上海的邀請我都會優先考慮，並且把其他行程排開？」

Ａ：「也不是啦？」

Ｑ：「那是爲了什麼？」
Ａ：「其實是因為我想跟上海的行銷主管建立好關係。」

Ｑ：「如果我當下拒絕他的邀請，會導致我們關係不好嗎？」
Ａ：「應該是不至於，或許我私下電話跟他聊一下就好了。」

Ｑ：「針對被我改期的三位同仁，會有什麼補救措施嗎？」
Ａ：「首先我會先跟他們道歉，並盡可能配合他們的時間敲其他時間，碰面的時候我會帶杯咖啡當賠罪。」

Ｑ：「如果再發生一次，我會怎麼處理？」
Ａ：「我會拒絕會議，然後私下找上海行銷主管溝通，另外跟他敲時間同步資訊，讓本來的行程可以如期發生。」

這個自我提問的過程，除了讓我們找到原因外，也讓我們思考了下次再發生時的應對方式，甚至你也可以思考可能的補救措施。

　　第二個範例是針對**行為與思維間有歧異時**，我在週二下午本來有兩個行程，一個是「異常案件檢討會議」，另一個則是「找 John 討論跨部門溝通」，異常案件檢討會議的時間比預期的多開了半個小時，耽擱到跟 John 開會的時間，最後跟 John 的約取消了，這是繼上週三取消行程後的又一次。

　　其實我在異常案件檢討會議的後半段就覺得自己應該離開會議室去赴 John 的約，但我沒有這樣做。

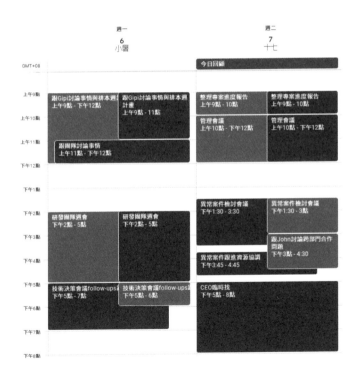

針對這個情境你可以這麼問。

Q：「為什麼我會選擇留在原先的會議，而不是離開去找 John ？」

A：「因為目前的會議室有十個人在，我不好意思先離開。」

Q：「不好意思的原因是什麼，是因為還有需要我參與討論的地方嗎？」

A：「是還有一項，不過主要還是因為我不好意思開口說我要先離開。」

Q：「那對 John 連續兩次失約這件事是否比我的不好意思重要呢？」

A：「痾，當然不是，但是……John 是熟人，而且他一個人，這邊十個人。」

Q：「影響的人數是我判斷事情重要性的規則嗎？」

A：「不全然是，嗯，好吧，其實就是因為 John 比較熟，我跟他說不會不好意思。」

Q：「針對這種狀況，有沒有兩全其美的解決方法？」

A：「其實會議中間有一段討論失焦了，但我沒有馬上拉回來，讓他們多討論了二十分鐘我才試著中斷，如果我當初提早中斷，或許我有機會準時結束會議。」

Q：「下一次該如何避免這樣的問題再發生呢？」

A：「下次參加會議如果過程中討論發散，我應該都要開口把主軸拉回來，此外，兩個會議間或許我得留十五至三十分鐘的 buffer time，讓我

有些緩衝的空間。」

　　或許你會好奇，我們真的能這樣做自我提問嗎？無論如何你得練習，但有時我們會避免面對自己怯懦的地方，例如不想承認自己就是想偷懶，不想承認自己就是便宜行事，所以會拒絕回答也拒絕對自己提問。但我建議大家，**面對自己的提問沒什麼好丟臉的，那就是你真實的想法，你只有把這些想法梳理清楚了，你才會知道自己的問題到底在哪，也才會有解決的一天。**

　　回顧、復盤、自我提問，這是 Retrospective 的三道板斧，也是讓我們持續精進的關鍵點。

週回顧：準備時間長，以週爲單位的事

上一段我們已經談論了關於日回顧的種種技巧，如果每日都有回顧，而且都採取了行動，那週回顧還要回顧些什麼呢？請大家回想一下前面我舉排球比賽的案例，有哪些事情是我們在日與日之間難以改變，但週跟週之間可以的呢？

- **發生的頻率就是以週為單位**的那些事，像是週會或每週固定時間的工作。
- **準備時間較長**，可能不是一兩天的就能搞定的事，例如有些數據要累積，有些事情要討論的那些事，例如一些策略性議題。
- **一天兩天看不出問題**，得放大到一週看才知道好或壞的事情，舉例來說，如果希望一週五天最多加班兩天，這得以週爲週期來看才知道是否有達成。

前面提過，我習慣上會將這些與預期不符的工作分門別類整理一下，我常用的分類有幾種：緊急任務、插單工作、規劃或執行缺失、自發性任務變更，這幾個分類的意思分別是。

✪ 緊急任務

通常源自於不可抗力，有可能是災難性的錯誤，得立即處理，或者因某些特別有權力的人直接交辦，**屬於無法（或難以）拒絕的工作項目**，這類任務在一般公司內絕大多數都是來自高階主管的指示。

✪ 插單工作

　　一樣屬於計畫之外的任務，差別在於這類插單任務你可以自己決定接受或拒絕，舉例來說，橫向部門邀請你開會，你可以回絕他；有人打電話給你說要跟你討論事情，你也可以跟他另約時間。**這類插單工作的接與不接主動權主要在你。**

✪ 規劃或執行缺失

　　這涵蓋的範圍比較廣泛，不過一般泛指在規劃或執行過程中能透過更縝密的規劃與確實的執行來規避的錯誤。例如時間估算太過樂觀、沒有按計畫執行、或者可事先確認而未確認所導致的變更，**緊急任務或插單任務比較偏外力造成計畫變更，而規劃或執行缺失則屬於自己本身規劃或執行不當而造成的問題。**

✪ 自發性任務變更

　　當上層目標改變，或者任務有比較大的調整時，原先的任務可能會直接中止或者大幅調整，此時可能會進行專案的重規劃，讓計畫更符合現實。

　　而這也是我在第二章引導 Joseph 使用的方法，有些人會針對盤點的結果逐一列出**原因、修正方案跟完成日期**，然後當成待辦事項進行追蹤。

　　週回顧基本上也是一個檢視 OKR 達成狀況的時機點，如果你的 OKR 是訂一整季，那一週就是十二分之一的進度，如果你能每週都看到一點進度，我相信你對於自己的現況會更有把握一些。

OTPR 的下一步：延長週期與休耕期

　　如果你執行 OTPR 已經有一段時間，而且已經連續幾週 80% 左右的工作都跟預期相符，這意味著你規劃與執行的部分已經非常熟練了，此時除了持續下去外，另一個你可以做的事情就是「延長規劃的週期」。

　　試著將規劃與回顧的週期從一週延長為兩週吧！

　　一般而言，我們對距離現在愈遠的事情掌握度愈低，所以做好規劃的難度也愈高，想一下你第一次做週行程規劃時有多困難，你應該就能理解要做兩週的難度在哪了，而當你能一直做好兩週，那就延長為三週或四週，當你能掌握好四週的計畫，那你月目標的達成應該就十拿九穩了。

　　如果，你已經實踐到這個階段，那我給你的下一個建議就是在每四或八個循環後請安排一段「休耕期」，所謂的休耕期就是暫停執行 OTPR 一週到兩週的時間，為什麼要這樣做呢？

　　土地在耕作時都會安排休耕期，因為作物的生產主要決定於土壤的肥力，土壤的肥力包括有機質、有效性——磷、pH 值、Ca、Mg、K、Fe、Mn、Cu、Zn 等。在耕作期間土壤的肥力會逐漸降低，所以在耕作期後，一般會安排一段休耕期，種植綠肥讓土地的肥力恢復。

　　人也是一樣的，當我們持續一段高紀律的生活後，總是會覺得有點疲憊，精神力跟體力產生耗損，此時，讓自己適度的休息放空一下未嘗不是一件好事，這段時間你可以盡量讓自己放鬆去做一些平常比較不會去做的事情，當作犒賞自己也好，當作淨空重新思考目標也好，總之，休息一陣子。

　　就我個人而言，我最常用來放空的方法就是看三天的影集、打三天的電玩，或者出去玩三天。三天的時間我大多就能充飽電再回來繼續努

力了，每個人休息充電的方式不同，你得挑選適合自己的，讓休耕期成為你生活中的一種固定儀式，提醒自己得停下來想想。

我在 2019 年六月的時候曾經休耕了兩週左右的時間，那段時間我覺得自己的工作與生活已進入一種非常穩定的狀態，工作內容、收入、生活步調都是，頓時，我覺得生活有點無聊了。在休耕期間，我給自己一段時間好好思考接下來想做些什麼？

思考了兩天後，我決定全心投入準備商業思維學院。

這種決定，在我每天排滿進度的狀況下是很難有足夠的時間思考，因為創辦一間學院要投入的時間與資源是巨大的，而且會排擠到其他事情，所以我必須作出取捨。於是同年九月份開始，我把手邊五個顧問案陸續停掉，也推掉了大多數的課程邀約，專心籌備學院，這就是我在休耕期之後做出的決定。

PART 8

漸進式的學習，
OTPR 的運用在團隊

- ✪ 常見的 OTPR 學習方式：個別使用、從 P 與 R 切入、找學伴
- ✪ OTPR 使用經驗分享
- ✪ OTPR 運用在團隊四步驟：週計劃＋日回顧、週回顧、
  打通向上與橫向關卡、完整落實 OTPR

　　OTPR 工作法的結構非常嚴謹，每一塊都有一些得留意的地方，所以能一次就用對的人並不是那麼多，學院有些學員曾問我有沒有比較容易的切入方式，讓大家可以開始學習。

　　如果你有留意到本書我帶領 Joseph 的方式，我使用的就是漸進式的方法，先帶他從 P 切入去規劃他整週的行程，然後每週帶他用 R 一起回顧與復盤，接著進一步拉到 O 跟 T，最後才將 OTPR 完整的串在一塊。

　　以下我整理了幾種常見的學習方式供各位參考。

常見的 OTPR 學習方式：
個別使用、從 P 與 R 切入、找學伴

✪ 個別使用

OKR、Time Management、Project Management、Retrospective 本來是一個個獨立工具或方法，只是經過我的整合後成了 OTPR。所以如果你工作的經驗沒那麼多，或者過去工作習慣眞的是有什麼就作什麼，那我會建議你一項一項來。

OKR，先試著用我在第四章中介紹的方法，先去盤點你生活中的八個面向，思考一下自己要追求什麼或改善什麼，先找出一至二個目標，然後學著爲這些目標設定關鍵結果，理解一下原來所謂具體的目標是怎麼一回事。

然後在日常生活中要持續練習對目標的關注，讓自己養成問「爲什麼」的習慣，因爲很多時候「爲什麼」背後關聯的才是目標。然後也要常常問自己：「我做的這件事，跟目標有什麼關係」。

Time Management，你可以開始先練習作任務的優先順序排序，慢慢培養自己判斷輕重緩急的原則，然後盡可能將自己時間的使用狀況記錄下來，這樣你會更有依據的去追蹤自己的現況。先讓自己成爲一個對時間有感的人，知道時間都花在哪，也知道哪些事情對自己來說才是重要的。

Project Management，這應該是所有人都能即刻開始使用，而且對日常工作會起到立竿見影的效果。從工作量的估算、安排行程、提前溝通、變更管理等等處理，你都可以從中學習到許多受用無窮的觀念與方法，讓你更有計畫性的過好每一週。

Retrospective，這應該是一個適用性最廣的工具了，你可以在作完

一件事或者跟一個人溝通完之後運用回顧、復盤與自我提問來持續改善
自己做事的方法。有些人是透過每次回顧與老闆的溝通，漸漸找出與老
闆溝通的訣竅，有些人則是在回顧中學會如何更有效的開一場會議，我
相信花點時間你也可以應用自如的。

✪ 從 P 與 R 切入

第二種開始方式就是跟 Joseph 一樣從 Project Management 切入開始
使用，並搭配 Retrospective 一起使用，這種搭配法很容易就形成一個以
週為頻率的學習方式，有助於你更快地掌握當中的技巧，一段時間後你
會漸漸發現缺乏 OT 的不足，此時再將 OT 納入，你就將 OTPR 完整用上
了。

✪ 找學伴

有一段時間我們觀察學員使用 OTPR 的狀況，我們察覺每個人執行
這個工作法一開始都會有點小障礙，例如不知道自己的目標這樣設定對
不對，中間偶爾也會有小怠惰，回顧時的自我提問有時也不夠到位，在
遭遇幾次挫折後放棄率就很高。

後來我們開始思考學伴機制，也就是同學們倆倆配對，而配對的邏
輯上是盡可能將年資、經歷、知識水平接近的人配在一塊，因為這樣雙
方除了互相督促砥礪外，也能對對方提出好問題，達到協助彼此成長的
目的。

學院裡有位在德國工作的資料科學家 Mia，習慣在自己 Facebook 的
fanspage 記錄自己執行 OTPR 的過程，其中有一段提到學伴對她的幫助。

也許是因為有學伴的關係，一邊聊天也一邊討論最近想做的事情，

在做規劃的時候就比較不顯孤單。

我們兩個都是屬於,對自己不嚴格的規劃者,並不會真的把每個工作天晚上的行事曆排滿。週末也都會放上很大區塊的玩樂跟休息,於是這週雖然學院寫「休耕期」,我們也不至於覺得要整週放空,反而還訂了下週想追加討論的一些事項。

以下三點是我覺得,好的學伴能幫助你的覆盤更順利。

1.覺得對方可以怎麼做更好的時候會提出來,如果可以的話就現場改。例如「把行事曆的標題跟內容寫得更詳細」,就挑一個事件,當場寫下需要的資訊,而不是等會議結束才改。

2.除了不好的部分要當下溝通,覺得對方做得好的事情,也提出來。我們時常是對自己太嚴苛,已經做到了前兩週做不到的事情,卻還在煩惱誰誰誰做得更好。在討論過程當中,提出對方已經做到,且可以產生正向影響的部分,鼓勵對方,同時也是一種自我暗示,下一週也可以帶著同樣的正向能量去做事。

3.雖然我們是在學院認識彼此,但是都不會綁架對方一定要把學院的事情擺第一。而是去討論目前對我們來說,最適合的優先順序是什麼。

如果你也希望有人一起學,或許為自己找個伴,一起努力練習,花一些時間,一起變強。

OTPR 使用經驗分享

小龐 / 餐飲 HR

　　過去我在行事曆上，只會列上會議時間，其他時間大多空白，透過這次運用我發現了原來我的「工作自由度」真的很高，而我卻沒有善加利用。

　　過去我很習慣將專案拆成 check list，交週報時進行盤點與異常報告，但我沒在管這些任務會花多少時間完成，以及它的先後順序安排，反正只要能做完其餘都不用管，也因此我常常會一天暴衝工作到晚上，有時又覺得整天沒事空到讓自己發慌。

　　透過行事曆顏色時間管理，我將專案細分為階段性步驟，將每個步驟一一填在非深綠色的欄位，這就是 Gipi 在課程中所談到的「**別被動等待任務**」，主動掌握自己的工作時間、分配工作給自己。自從填滿行事曆後，每天上班踏實許多，因為我知道如果按照這個排程完成，我的進度會如何；如果 delay 了，我也能掌握專案調整至下週。

　　工作時間欄位空白，是自由度高還是缺乏計畫？答案可能「都是！」透過週迭代把它填滿後，不僅能「提前且平均分配」專案任務，給自己及夥伴創造更高自由度，也更好判斷「緊急與重要性」。

　　完整的執行過四週的週迭代後，我發現我們總是容易陷入以下迴圈：

· 常常做天上掉下來的鳥屎，而不是重要的任務

　　例如主管腦洞大開時被抓去開會，交辦一片模糊的目標，並且被迫展開一堆事。

· 先做「協作」排擠「自我」

　　例如學習規劃常常為了 case study 或社團會議資料準備，取消了我自

學的時間。然而這些眞的是相對重要或緊急的事嗎？還是我總是不懂得適當的拒絕呢？

・**生活的時間，總是優先被刪減**

目前四週都無法運動，主要原因除了臨時家人受傷，需要到醫院照顧陪伴之外，更多是參加許多學習活動後，壓縮了一些生活空間。

當我們爲了別人的期待，失去掌握時間的權力、甚至失去生活壓力調適機制，長期而言，必會讓我們效率上降低、產生反效果，我們必須重新反思這些任務的重要性。

Gipi 解析

小龐是典型的從 PR 動手開始學習 OTPR 的範例，她從安排自己每週的行程開始，從安排行程的過程她已經充分體會到作計畫的意義，也讓她掌握了一些專案管理上的重要技巧。而她也在運用了四週後獲得了三個重要的回饋，並藉此調整自己對事情的優先順序，此時她便開始踏入 O 與 T 的學習路上了。

・完整的内容請掃右方 QRCode 到小龐的 wordpress：Lines of Flight

Pierce / 電商平台前端工程師

善用 Google 行事曆，輕鬆掌握當週的工作時程。

我認爲將每一個小任務放進行事曆，有下列三個好處：

1. 幫助我們評估本週計畫是否可行，若行事曆排不下原訂的所有任務，代表計畫不可行，需要重新擬定。

舉例來說，如果你發現自己每週可以負荷的工作時數是三十五個小時，那如果你預估出來每週需要投入約四十五個小時，那代表這個計畫還沒執行，就肯定會有任務無法完成了。此時，我們就需要回到前面的專案拆解步驟，將專案時程拉長（六週 > 八週），也將該專案每週所需要投入的時間下修（八小時 > 六小時），如此一來，才能順利完成專案目標。

2. 理解自己何時產能最高，何時產能最低，長期來看，有助於我們將重要的任務排在產值最高的時段來完成。

以過往經驗來說，我每週最適當的工作時數約四十到五十個小時，如果連續三週超過五十個小時，那我的產值就會大幅降低，甚至是開始排斥執行原先的計畫。從過程中我學習到，我早上產值最高，下午則依情況而定，晚上容易文思泉湧。因此，我將會將每週最重要的五個任務排在早上來完成，而寫文章的任務則會放在晚上九點後來完成，接著，再陸續排入其他的任務，極大化自己的產能。

3. 引導我們掌握本週什麼時間點該聚焦做什麼事情，一週結束後，也會得到每件事情最後實際花費的時間，用來進行專案覆盤。

曾經有人問我是如何覆盤，思考哪些做得好？哪邊需要調整？其實核心策略就是「數據化」覆盤，透過每週一排定的週計畫和行事曆，完整記錄所有的執行時間，到了每週日覆盤時，你將會一眼掌握當週的執行情況，有意識地去思考（預期 vs 實際）的落差原因。

Gipi 解析

　　Pierce 是我見過落實 OTPR 最徹底的人之一，不過在剛使用這套方法的前一個月他陷入了嚴重低潮。原因是他設定的計畫達成率非常低，他一度就想放棄作這件事，那時我跟他聊一下他的狀況，我發現他的行事曆上排滿了事情，包含假日，密密麻麻的排了約六十小時的事情。

　　我告訴他：「如果排出來的計畫你執行不了，那是沒意義的，把計畫控制在自己能執行的範圍內吧。」

　　Pierce 對 OTPR 作了一些延伸，使用了多種工具來協助自己，這些在他的文章中他有完整的呈現，而他也運用 OTPR 讓自己在一年內成功從業務崗位轉職為工程師。

·完整的內容請掃右方 QRCode 到 Pierce 的 Medium：皮爾斯的自學旅程

林靜 / 教育科技 / PM

　　年初時候的我，就像迷路在熙熙攘攘的大車站，到底要往哪一個方向前進呢？雖然表面上看起來日子過得很精采，但實際上並沒有對齊我的人生目標，於是我開始在生活中啟動週迭代（OTPR），解決今年第一季的問題：

·問題 1：想做的事情太多，卻都沒有完成。

　　◎復盤結果：自己太貪心，安排了過多的活動，導致沒有主軸，也沒有系統化的學習，更是偏離了年初設定的目標。

　　◎調整與改善方案：重新回顧今年的 OKR，確認最想完成的事情，

再把所有的計畫全部排出來看，運用斷捨離的方法，只留下讓我怦然心動的課程，刪刪減減之後，只留下最貼近目標——「成爲更專業、更多元能力的專案經理」相關的課程以及跨界讀書會，其他都婉拒與暫停。

再次回到週迭代的生活，重新釐清目標、刪減次要等級的項目，接著第二週、第三週……之後，我也陸續遇到了幾個問題。

· **問題 2：時間不夠用，預定學習的課程沒有跟上進度。**

◎復盤結果：

1. 時間排得太寬鬆：原本預計從九點開始學習，會東摸西摸超過九點半甚至十點才開始。

2. 花太多時間在社交軟體：早餐時間和晚餐過後很愛滑手機。

◎調整與改善方案：

有意識地滑手機，限定自己在晚上八點前要離開餐桌去洗碗、洗澡，通常八點半左右就可以開始看書、上線上課程。

以行爲目標取代數據目標：這是我從《不減肥才能瘦》這本書學來的好方法，書中舉例，督促自己每天不喝含糖飲料，會比計畫幾週瘦幾公斤，更讓人有動力。所以我也改爲每天睡前看書半小時，取代計畫每星期看完兩本書，因爲實踐起來相對容易，因此就逐漸養成習慣。

早晨和晚上的時間彈性調挪。復盤時間不夠用的原因，原來是我在吃早餐以及晚餐過後，花滿多時間在滑手機！知道這個原因之後，我減少瀏覽 FB 的時間，並且改在晨間時光聽商業思維學院的日更課程，用新習慣去取代舊習慣。測試一段時間後，發現早上學習成效比我想像中的好，當天還可以利用零碎的時間想想每日思考題，或是在 slack 看看其他學員的心得回饋，加深印象，晚上又能有更完整的時間學習。

Gipi 解析

　　林靜同學使用 OTPR 的時機點是在自己感覺生活失序的狀況下，藉由 OTPR 重新定義目標，排定順序。並在執行了一段時間後覺察到自己在紀律與時間運用上的問題，在覺察後馬上設定了對應的行動方案來解決此問題。這是 OTPR 使用後能產生的最典型效益。

・完整的內容請掃下方 QRCode 到林靜的 Medium：成長思維 Lab

Mia / 在柏林工作的資料科學家

・週迭代第三週覆盤

　　記錄一下三個進步與三個學習點。

　　◎進步：

　　1. 工作日誌突破前兩次的週三魔咒，順利記錄到週末放假前。

　　2. 平日大部分可以在 10.30pm 就可以放下一切準備洗洗睡。

　　3. 突破了心魔讀了更多的財報知識。

　　◎學習點：

　　1. 要做的事就幫它開月曆。

　　這次的復盤雖然還是擁有許多未達成事項，但是每兩三小時記錄該日行程的習慣已經逐漸養成。也發現，要讓一件事情被完成，最好的方式就是在當下替它開一個行事曆，在之後才會記得 follow up 跟執行。（隨著時間過去，腦中的記憶體真的愈來愈小了。）

　　2. 好的習慣與它的快樂夥伴。

　　有時候一個習慣的養成，是一種生活型態的改變，也會連帶著這個習慣的好朋友一起出現。前陣子有意識地要求自己每日喝水量要達到兩公升以上，以及每日花半小時冥想。隨著身心淨化的過程，運動的時間也不自覺變多。彷彿身體自己就會知道，什麼樣的生活狀態會是比較舒服、健康的。

　　生活型態調整過後，即便沒有每日都冥想了，大概變成一週三次，但也會知道自己大方向正在往正向的地方邁進，讓自己有一種跟習慣好好相處的感覺。

　　3. 思考關於優序。

　　討論行事曆的過程當中，其實也是讓自己在思考人生的更多種可能。例如為什麼有些人可以一個禮拜花在學習上這麼多時間，可能對方是把這件事情排在他的第一第二順位。而學習可能在我們的第三第四順位。

　　了解之後，其實也會對於競爭意識這件事情有更開闊的看法。有些人在擁有某項專長，是因為這件事情在對方生命中的優序不同，也加上每個人對於疲倦的感受度不同，需要充電的時間長度也不同，導致彼此之間的差異。

　　有時候看見別人有著我們羨慕的特質，實際上也必須去思考，自己行為上所反映出來的優序是否表示出心裡的在乎。如果已經盡力了，其實也不用給自己太多的壓力。時間到了，這些成果就會慢慢出現的。

Gipi 解析

　　Mia 與她的學伴在不同國家工作，她們以線上的方式互相溝通學習，透過學伴機制強化自己的學習動力，也因為學伴的關係，多了一個可以互相學習的機會。永遠要記得，只有適合自己的方法才能持久。

· 完整的內容請掃下方 QRCode 到 Mia 的 fanspage：張懷文 Mia Chang, 關於柏林

Yuwei / 旅遊 / 商務開發

　　我習慣是每天晚上復盤，因為以我的金魚腦等到週五就忘記了。

　　經過第一天的試行，我馬上發現太多變更行程、工作也常被中斷。檢討的原因是因為有些突發狀況是我之前疏漏沒有完成，導致後來被追殺變成緊急插件。另外，就是因為我把自己的行程排得比較滿，導致彈性低。所以第三天開始，我就留比較多緩衝時間。

　　透過每週與週迭代的學伴一起復盤，也獲得了不錯的效果。像是我原先訂了每天早上要晨讀，但總是因為睡過頭錯過。經過學伴的建議，改為每天讀十頁，不限看書時間，因此看書這件事就改成在空檔中完成（像是在餐廳等餐點、睡前等時間），而不會因為錯過就沒執行。

· 為什麼要用週迭代來做時間管理？

　　我認為有以下幾個優點：

◎ 把時間切到最小單位，依個人習慣可以用分鐘或小時當作單位。

◎ 運用行事曆功能，不需要再額外下載 app 或學習新的軟體操作。

◎ 先從目標設定、盤點工作與優先順序開始，才不會瞎忙排了很多
　 不重要的工作。

◎ 透過詳細的記錄與覆盤檢討，才有機會發現問題並解決，避免重
　 蹈覆轍。

◎ 隨時可以開始，就算中間中斷了幾天，也能馬上重新開始。

不能只講好的，也要說一些缺點：

我先前的時間管理方法是用上午、下午與晚上劃分。相較之下，週
迭代的壓力的確比較大，我自己認為需要有自制力的人才比較有機會完
成。

Gipi 解析

　　Yuwei 算是 OTPR 的初心者，一樣在使用後很快就
能感受到這個方法的威力，同時也跟一部分人一樣會感受
到使用這方法的壓力，而意識到壓力後，人有幾種典型反
應，第一種是正面對決，想辦法克服它；第二種是調整成
自己比較能負擔的狀態；第三種則是選擇逃避它，從此放
棄了。我的建議是我們可以去調整到適合自己的狀態，讓
自己能負荷得過來。

· 完整的內容請掃下方 QRCode 到 Yuwei 的網站：斜槓人

可啵 kobold / 插畫家

這個方法目前我實踐了快一個月，對於糾正我一些不好的行為習慣，以及對於聚焦目標，我覺得非常管用。

· 找一個有相同目標的學伴

我的自控能力不是特別好，很容易在執行的中途，被其他事情吸引，我一直都知道自己有這個毛病。

比如，本來下午安排畫畫時間，可能看上一個好看的電視劇，就跑去看電視。

比如，早上起床打算閱讀，可能跑去學習前一天晚上沒看完的畫畫視頻。

比如，畫畫的時間被看小說占據，我是一個很喜歡看網路小說的人，而且每次非要把小說看完不可，大家都知道網路小說基本上一千章以上，看完最少也要花費一週晚間時間或者週末兩天時間，不只一次為這個事情而感到頭痛。

找學伴一起互相監督，自制力會上升，不過記得找跟自己有相同目標的人，這樣會比較長久，如果找不同目標的，我覺得可能即使在一起互相鼓勵也沒有什麼共鳴，就很容易放棄了。

· 週迭代互相分享

週迭代就是每週一個復盤。

我和學伴會安排週末定期的跟對方復盤，分享這周的執行情況，以及下週的目標計畫，主要會思考以下幾個問題：

1. 這週執行情況如何？
2. 哪些目標超出預期？為什麼？
3. 執行失敗是為什麼？

4. 爲什麼要制定這個目標，跟我的年計畫有關嗎？

5. 是否需要調整目標？

這個步驟十分有趣，淡定一點面對自己的缺點，是一件非常好的事情，做得好的地方，也要值得鼓勵。跟學伴一起討論，也會進行更深入思考，也許會發現，有些目標根本就不是自己需要的。

·有意識改變自己的行為，慢一點沒關係

從執行以來，最初的感受可以用兵荒馬亂來形容。

執行的第一週，也許會發現執行嚴重脫節，很容易感到焦慮。

自己身上暴露了很多問題，比如我自己，自控能力不足、時間管理能力弱、注意力不集中，自我安排有時候不合理，我感到挫敗，沮喪和焦慮。

游舒帆老師在群組裡的分享：.

剛開始執行，絕大部分同學會因爲實際與計畫不符，或者太多突發情況發生，感到很焦慮、沮喪。

不必驚慌，這是正常的，週迭代會讓自己覺察到很多問題，自己要試著作出決定，因爲遭遇到這種問題的可能性很多。

看到這段話時，我感到心裡一陣安慰，不再苛責自己。決定調整自己的計畫，減少沒有完成目標的負罪感，生活目標井井有條了許多。

比如，我的工作有時候週四晚上會有加班，那麼晚上我肯定不能畫畫，在復盤後，我就把週四晚上空了出來，這樣不會有執行目標的負擔，工作也會全心全意。

比如，前面提到我會無止無盡看小說，後來跟學伴提到這個問題，她說，如果實在執行不了不看，那就每天安排一點時間看就好了，所以我會每天睡前或者坐地鐵的時候看一會兒。

Gipi 解析

　　小可跟 Mia 一樣都是海外的同學，也一樣是以學伴的方式進行學習，她是個斜槓插畫師，主要職業是從事網路行業的運營工作。她原先是屬於自制力較差，而且對生活感到迷惘的年輕女孩，在落實 OTPR 的過程中，充分的意識到自己的問題，並且主動面對於迎擊，短短一個多月，她已經開始掌握自己的生活，在工作上也探索出自己的方向，很為她感到開心。

· QRCode 到可啵 kobold 的網站：　可啵 kobold 畫畫日記

OTPR 運用在團隊四步驟：週計劃＋日回顧、週回顧、打通向上與橫向關卡、完整落實 OTPR

　　我曾多次將這套工作法推薦給我的客戶們，並協助他們導入到團隊管理上，導入團隊後最顯著的效益有幾個：

✪ 團隊有了共同的工作方法與共同語言，溝通時更加高效

　　大家會探討每件事情背後的目的與目標，會合理的估算工作量並安排計畫，對於任務的優先順序有更一致的認知，同時明白彼此的工作是互相牽動的，必須要尊重其他人的時間安排，管理好自己，就是對他人最大的負責。

✪ 做事不盲目，更有目標感

　　過去團隊很少討論目標，絕大多數都在思考執行的問題，當大家知道重點在於是否創造價值後，對於目標的探討也增加了，知道為何而戰，團隊的戰鬥力也大幅提升了。

✪ 凸顯團隊合作問題，加班狀況大幅減少

　　這或許是最大的價值之一，過往團隊的每個人都有自己的工作方法，但實際上是缺乏章法與一致性的，而且很多人的工作習慣並不好，例如習慣加班，很多事情都是晚上才能完成，白天工作效率極差，而這也連帶影響了其他人的工作計畫。A 會影響 B，B 影響 C，C 又回過頭來影響 A，形成一種互相傷害的循環，所有人都深受其害。

✪ 回顧與檢討更踏實

過去團隊在每個季度結尾時做回顧與檢討往往都流於形式，大家談論很多事情，但總是缺乏證據與數據。當團隊落實 OTPR 後，所有的記錄與週回顧全部都可被追溯到，回顧時有憑有據，團隊與個人在回顧過程都會獲得成長。

不過在推動過程也曾遭遇一些困難，大家提出來的問題很多，歸根究柢就是兩方面的問題：

第一，老闆推動這件事的用意為何？很多人一開始都認為這是老闆想要監控員工的工具，因為週行事曆排好，還要寫 retro，大家在做什麼事情感覺一目了然，這是要在團隊內推動時最大的困難。畢竟老闆與員工之間缺乏信任感也不是一天兩天的事。

不諱言的，很多老闆都希望引入工具來確保團隊有認真工作，但我一般會要他們把重點放在目標與成果上，只有具吸引力的目標才能激發員工的工作動機，工作過程固然重要，但成果才是我們真正該留意的。如果一個員工工作時數很短，但創造的結果很豐碩，那我們應該鼓勵他，而非要他延長工時，當你以工時來衡量一個員工的貢獻時，你正在污辱他的腦力，而一個被污辱的員工是絕對不會勤奮跟你一起做事的。

因此在推動這個工作法之前，推動者得先理解，OTPR 的目的絕對不是為了監督員工，如果你真的那麼不信任員工，那乾脆拿攝影機直接錄影好了。推動這個工作法的背後，都是為了讓團隊方向一致，而且所有人都能很清楚的知道自己要做些什麼，以及為什麼而做，讓工作的節奏愈來愈清晰。

第二，團隊的水平落差太大，大家問題各不相同，而且很容易互相干擾。

不論是主管、資深員工或菜鳥，對於 OTPR 四個工具的使用掌握度

都有所不足，大家在使用過程所遭遇的問題也不盡相同，在缺乏教練指導之下，團隊要自己落實的難度非常高，而且當主管要員工處理一件事情時，員工還會問他目的是什麼？而資深員工交辦工作給菜鳥時，菜鳥也會問一樣的問題，這不是很浪費時間嗎？

其實，這些問題在過去就存在了，當老闆交辦任務給員工時，卻沒有清楚的告知做這件事的目的，出錯時才怪員工都沒問，或者抱怨員工不懂得上位思考，現在員工問了，你還嫌人家問太多，究竟要員工何去何從呢？

過去只有老闆可以任意更改員工行程，只有資深員工可以更改菜鳥行程，位階低的永遠都要配合位階高的，位階高的永遠不需要為了任意更改他人行程而負責。然後位階低的，資歷淺人還要被說「工作效率差」，這其實是一個非常不恰當的工作模式。

換個角度來思考，當團隊成員將他的問題暴露出來，身為主管可能會發現，其實該成員的問題是主管工作習慣不當所造成。這時候，你也可以從別人身上發現自己工作的盲點，並針對問題做改進。這是我對一些主管訪談後他們告訴我的「意外之喜」。

✪ 團隊導入的起手式：週計劃＋日回顧

大概描述完團隊導入 OTPR 的效益與可能遭遇的問題後，接著我們就來談談我怎麼在團隊內導入這套工作法吧。

剛開始，我建議大家先以**週計劃與日回顧**為出發點，讓每個人去規劃自己接下來一週的計劃，剛開始時大家可能都會遭遇到類似 Joseph 的狀況，很難完整的展開一整週的計劃，此時務必請團隊內相對資深的員工協助其他人完成整週的任務。

接著請在每天早上執行團隊的每日例會，這個例會的長度請務必控

制在二十分鐘內，會議進行時由每位成員說明自己的工作狀況，主要陳述三個重點：

1. 我昨天計劃的執行狀況，完成了哪些事，哪些沒完成？
2. 我今天預計要執行的工作有哪些。
3. 我遭遇了哪些問題，需要哪些協助。

請記得幾個原則：

第一，這個例會的目的在於同步狀況，而不在深入討論每個問題。 需要討論的問題會後拉開單獨討論，不要占用其他人時間。

第二，由每個人陳述自己的部分。 不要由主管或 PM 來報告，這樣做的目的是爲了做到工作控制權的移轉，讓團隊的每個人開始思考，從自己的工作狀況到所遭遇的問題，他得自我總結，並提出需要的協助。

第三，多提問，少批判。 在會議執行過程中，如果你發現團隊有些成員做事方式不妥當，請不要急著指正他，而是對他提問，問他爲何這麼想，爲何這樣做，如果換個方式會不會更好。如果團隊成員的工作方法或能力本來就很傑出，那其實我們也不需要大費周章地做這件事了，你說是吧！？

第四，務必保持專注且認真。 一旦決定落實 OTPR，改變了工作的節奏與方法，你得做好上緊發條的準備，因爲過往一週或一個月討論一次的事情，現在可能每天都會發生，如果覺得繁瑣，那團隊一定會覺得你只是一時興起。你必須專注且認真的看待每天的回顧會議，協助處理每天大家遭遇的問題，並持續找出適合團隊的步調。

✪ 第二步驟：週回顧

執行一週後，請團隊成員在週五下午針對本週的狀況撰寫週回顧，內容可以參照我指導 Joseph 的範例，當所有人完成週回顧後，我們大概就能知道團隊整體的工作狀況。例如：

John 對時間的估算老是出錯，跟他合作的 Joe 就得配合他更改自己的行程。

May 與橫向部門的配合不順暢，同樣的會議開了多次仍未取得結論。

Jack 花了太多的時間在開會，投入工作的時間很短。

Freddy 工時特別長，但整個禮拜看不見太具體的工作產出。

當你看完所有人的週回顧後，你可以找每個人單獨了解一下狀況，也可以與團隊一起回顧一下大家所提出來的問題，讓團隊一起解決這些問題，並接著設定下一週的週計劃，並在下週的日回顧與週回顧中觀察問題是否被解決。

按這樣的方式執行了幾週後，團隊的工作狀況基本上已經透明化，多數問題應該也都浮出水面了，有些好解決的問題團隊內自己可以解決，但有些積習已久根本性的問題，或者需要跨階級或跨部門溝通的議題便成了下一階段的主要障礙。

✪ 第三步驟：打通向上與橫向關卡

當團隊意識到工作卡關的癥結點很多是來自於外部，例如目標、優先順序、流程、分工、協作方式等，都必須跟上級或橫向部門取得共識才能有效解決，找對方直接溝通一般而言是最直接有效的方法，但若你的解法無法創造雙贏時，對方買單的機率便會大幅下降。

此時，我建議你可以花一點時間跟大家介紹一下完整的 OTPR 工作法，讓大家明白目標是如何設定出來的，而優先順序又可以用什麼技巧

來釐清，如果可以的話也建議大家閱讀一下我前一本著作《商業思維》，大家會更理解如何做好向上與橫向溝通。

記得，這些關卡的打通一定得採取漸進式，如果橫向部門無法接受整個分工流程有較大的變化，那就先從填寫一份文件開始；如果上級主管無法接受目標的更動，那就先跟他一起聊聊如何衡量目標是否達成開始。

當團隊是有意識的在改變環境，時間拉長一點，環境一定會有顯著改變，一定得放下一步到位的念頭，而是採取小步前進的方式，一點一點地讓改變發生。

⭐ 第四步驟：完整落實 OTPR

當團隊走過前三個步驟，或許時間已經經過了半年，不過半年的時間團隊肯定會看見改變，也在半年的時間內，團隊成員的工作法已經愈來愈成熟，工作上的效益及協同能力都會大幅提升。

此時，你可以考慮在團隊內落實完整的 OTPR 工作法，讓團隊更具目標感與工作動機。

結語

　　單靠一本書或許無法道盡我個人的所有經驗與思維，但我希望各位讀者可以從這本書裡面理解我用了十至二十年的工作方法，OTPR 這套工作法對我的影響極深，不僅僅影響了我的行為，更形塑了我的思維。

　　早期我只熟悉 P-Project Management，所以我對每件事情的掌握度都很高，希望每件事情都能規劃妥當並順利完成，我在工作上獲得了很不錯的執行效率，但卻很容易將過多的時間分配在工作上，而忽略了生活。

　　後來在前輩的建議下我開始學習 T-Time Management，必須同時兼顧好長／短期與公／私事，剛接觸的那段時間覺得真是太有道理了，但落實了一段時間後才發現真正的難並不是時間的分配，真正的難，反倒是在優先順序的決定與執行上。對於工作、學習、家庭、娛樂、健康等議題的思考讓我耗費了不少的精神，那時，我才發現自己真正的問題是缺乏對人生更長遠與全面性的思考。

　　我那時是公司的中階主管，每一年總要參加公司的策略會議，策略會議中老闆總會跟我們談五年目標，然後再開始談今年的目標。那一年，我頓時有所感悟，覺得自己似乎對人生缺乏方向與目標，目標管理 O-OKR 正式進入我的生活中，我發現我在工作上是屬於非常目標導向的人，可以很果決的決定方向，並立刻採取行動，不過在生活上我似乎比較隨緣而且缺乏具體的目標。

　　約在三十歲左右我看了大前研一的《後五十歲的選擇》，了解到人生規劃必須優先於職涯規劃，我開始給自己設定一些人生目標與生活目標，那時，我覺得自己活得愈來愈踏實。

　　至於 OTPR 最後的 R-Retrospective，其實一直都在我的基因內，因為我是工程師背景，每次產品出問題時總被要求要檢討，而檢討中最常

被提問的問題就是「為什麼會發生」以及「下次如何避免」。為了提出證據佐證自己的推論沒錯，時常都需要做回顧，將歷史記錄逐一攤出來，透過模擬來驗證自己的假設，此時等同於在做復盤與自我提問，工程師對於運算思維的訓練，讓我在做每件事情時都非常重視回顧與檢討。

如果你剛開始接觸 OTPR 工作法可能會覺得有點複雜，但我建議你可以局部使用，參考前面幾位同學的使用經驗，初期的重點可以放在搞清楚自己的狀況，透過一週一週的小修正讓自己慢慢進步，不要躁進，才能持續，給自己兩個月的時間，你就能看見成長。

如果你在使用 OTPR 時碰到任何問題，歡迎寫信給我：gipi@bizthinking.com.tw，我會盡快回覆你。

DHJ0333

OTPR 敏捷工作法
拿回績效主導權，讓工作做得更快、更好、更有價值

作　　者	游舒帆
主　　編	林潔欣
企　　劃	許文薰
封面設計	江儀玲
美術設計	徐思文

總 編 輯　梁芳春
董 事 長　趙政岷
出 版 者　時報文化出版企業股份有限公司
　　　　　108019　臺北市和平西路 3 段 240 號 3 樓
　　　　　發行專線－（02）2306-6842
　　　　　讀者服務專線－ 0800-231-705‧(02)2304-7103
　　　　　讀者服務傳眞－ (02)2304-6858
　　　　　郵撥－ 19344724　時報文化出版公司
　　　　　信箱－ 10899 臺北華江橋郵局第 99 信箱
時報悅讀網　http://www.readingtimes.com.tw
法律顧問　理律法律事務所 陳長文律師、李念祖律師
印　　刷　勁達印刷股份有限公司
初版一刷　2020 年 7 月 17 日
初版四刷　2023 年 12 月 18 日
定　　價　新臺幣 380 元
（缺頁或破損的書，請寄回更換）

```
OTPR 敏捷工作法　：　拿回績效主導權，讓
工作做得更快、更好、更有價值 / 游舒
帆著 . -- 初版 . -- 臺北市：時報文化，
2020.07
 ISBN 978-957-13-8274-6( 平裝 )
 1. 時間管理 2. 目標管理 3. 工作效率
　494.01　　　　109009027
```

ISBN 978-957-13-8274-6
Printed in Taiwan

O－OKR：
目標管理，做最重要的事

	想追求的	想改善的
工作成就		
生活紀律		
生理		
心理		

	想追求的	想改善的
財務		
能力		
人際		
興趣		

Objective

填入你的目標，不超過三個。

Key Results

為每個目標設定對應的關鍵成果，每個目標設定最多四個關鍵成果。

Action Plan

針對關鍵結果，你預計採取的行動。

	目標一	目標二	目標三

T – Time Management：
時間管理，控管與分配好時間

T1：盤點手上所有的工作項目、任務與生活事項

工作	私人	家庭

T2：盤點手上的工作項目、任務、生活事項與個人 OKR 間的關係

Objective 1	Objective 2	Objective 3	與 OKR 無關

註：OKR 涵蓋的範圍包含生活與工作，因此若你有三個最重要的目標，應該是已經綜合考量了生活與工作上的需求，如果有很多的任務後來未被歸類到與 OKR 無關時，請務必思考是 OKR 設定錯誤，還是真的有很多任務是沒有執行必要的。

T3：為所有任務做分類

一定得做	高度優先	次要任務	不重要的任務

註：一定得做的事盡可能少，高度優先代表重要性高或急迫度高，次要任務則是在一定得做與高度優先的任務完成的任務，不重要的任務則是應該完全不投入資源與時間。

P – Project Management：
專案管理，有效的計畫與執行

P1：從表 T3 中列出下週要完成的任務清單

任務名稱	完成任務所需時間 (hr)

任務名稱	完成任務所需時間（hr）

註：盡可能為工作任務進行估算，所有任務所需時間的加總最終應該約略等於整週的工作時數。

P2：將表 P1 的任務排入行事曆

時間	一	二	三	四	五
08:00~10:00					
10:00~12:00					
12:00~14:00					

				14:00~16:00
				16:00~18:00
				18:00~20:00

註：如果有太多的空白時間，請務必確認手邊還有哪些任務很重要但並未被排入行程中，協同型工作務必提早跟其他人確認行程是否有所變更。

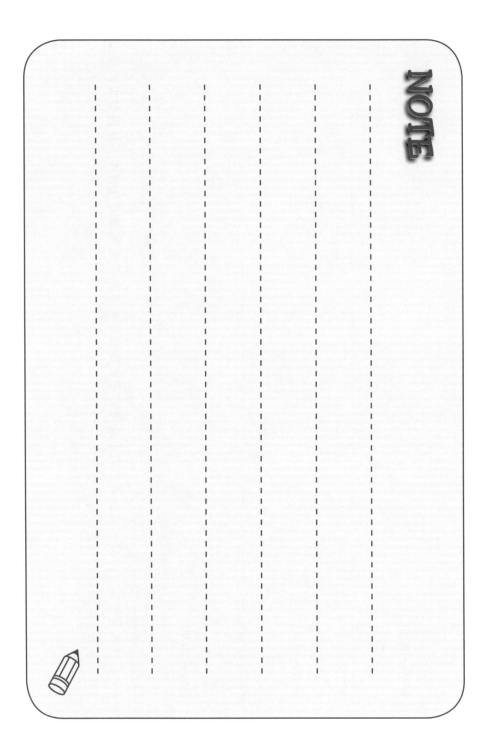

NOTE

R – Retrospective：
回顧活動，檢視過去的成果

R1：週一的回顧、復盤與自我提問（左側的時程請填入今天的實際行程。）

時間	一		
08:00~10:00		回顧	
10:00~12:00			
12:00~14:00		復盤	
14:00~16:00			

回顧：每個行程在規劃與實際之間的差異，以及執行過程中的應對處理。

復盤：設想每個行程執行中的應對與處理方式，如果轉換另一種處理方式後會如何。

時間	
16:00～18:00	
18:00～20:00	自我提問

針對今天的回顧與復盤，對自己提出一些問題來確認自己充分理解回顧與復盤的收穫。

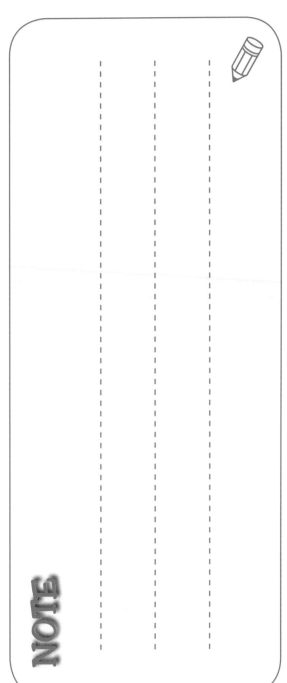

NOTE

R2：週二的回顧、復盤與自我提問（左側的時程請填入今天的實際行程。）

時間	二		
08:00~10:00			回顧
10:00~12:00			
12:00~14:00		復盤	
14:00~16:00			

回顧

每個行程在規劃與實際之間的差異，以及執行過程中的應對處理。

復盤

設想每個行程執行中的應對與處理方式，如果轉換另一種處理方式後會如何。

16:00~18:00	18:00~20:00

自我提問

針對今天的回顧與復盤，對自己提出一些問題來確認自己充分理解回顧與復盤的收穫。

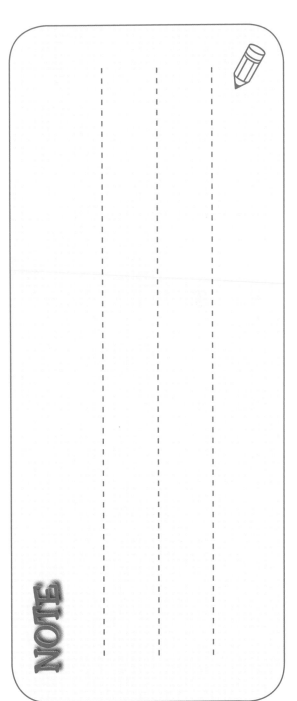

NOTE

R3：週三的回顧、復盤與自我提問（左側的時程請填入今天的實際行程。）

時間	三	回顧	復盤
08:00~10:00		每個行程在規劃與實際之間的差異，以及執行過程中的應對處理。	
10:00~12:00			
12:00~14:00			認想每個行程執行中的應對與處理方式，如果轉換另一種處理方式後會如何。
14:00~16:00			

16:00~18:00	
18:00~20:00	

自我提問

針對今天的回顧與復盤，對自己提出一些問題來確認自己充分理解回顧與復盤的收穫。

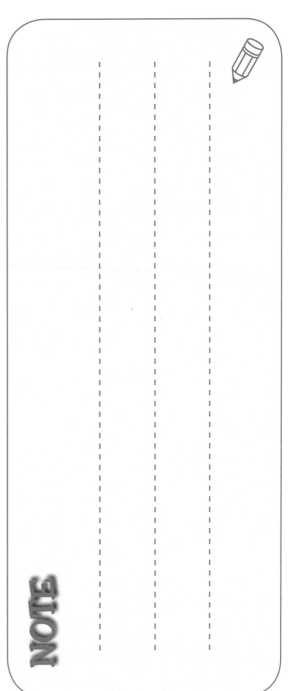

時間	四
08:00~10:00	
10:00~12:00	回顧
12:00~14:00	
14:00~16:00	復盤

回顧

每個行程在規劃與實際之間的差異，以及執行過程中的應對處理。

復盤

設想每個行程執行中的應對與處理方式，如果轉換另一種處理方式後會如何。

時間	
16:00~18:00	
18:00~20:00	

自我提問

針對今天的回顧與復盤，對自己提出一些問題來確認自己充分理解回顧與復盤的收穫。

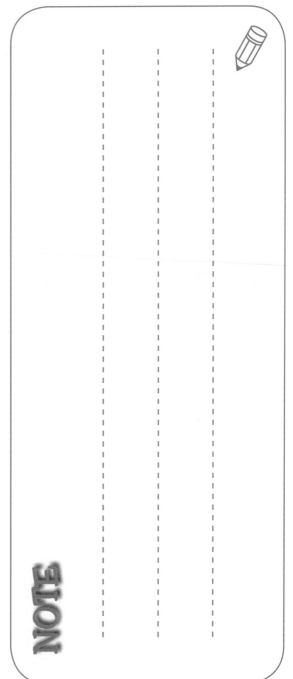

NOTE

R5：週五的回顧、復盤與自我提問（左側的時程請填入今天的實際行程。）

時間	五
08:00~10:00	
10:00~12:00	
12:00~14:00	
14:00~16:00	

回顧

每個行程在規劃與實際之間的差異，以及執行過程中的應對處理。

復盤

設想每個行程執行中的應對與處理方式，如果轉換另一種處理方式後會如何。

16:00~18:00	18:00~20:00

自我提問

針對今天的回顧與復盤，對自己提出一些問題來確認自己充分理解回顧與復盤的收穫。

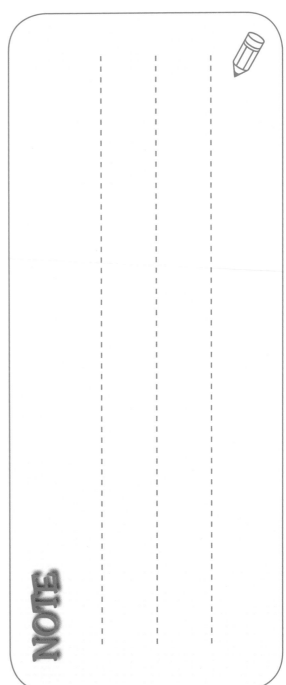

R6：本週工作狀況盤點（將 R1~R5 做完整回顧與整理，盤點週行程的規劃與執行狀況。）

與計畫一致	緊急任務 （臨時，但無法拒絕）	插單工作 （臨時，但可拒絕）	規劃或執行缺失 （估算錯誤、執行不確實……）

規劃或執行缺失 （估算錯誤、執行不確實……）	插單工作 （臨時，但可拒絕）	緊急任務 （臨時，但無法拒絕）	與計畫一致

R7：本週改善方向，針對 R6 中不一致的項目分析原因並提出處理方式

不一致問題	原因分析	處理方式

處理方式											原因分析											不一致問題										

使用 OTPR 一週我的學習與收穫

這過程我的心情與感受
（開心、自在、焦慮、驚訝、沮喪⋯⋯）

我認為這工具對我的意義是

我往後將如何使用這套工具

鍾怡雯、陳大為，〈白垚詩選導讀〉，收入鍾怡雯、陳大為編，《馬華新詩史讀本一九五七—二〇〇七》（台北：萬卷樓出版社，二〇一〇），頁二五—二七。

韓山元，〈新加坡華文期刊五十年〉，收入王連美、何炳彪、黃慧麗編，《新加坡華文期刊五十年》（新加坡：新加坡國家圖書館，二〇〇八），頁九—一一。

瓊山，〈蘇河之水慢慢流〉，《蕉風》第十四期（一九五六年五月二十五日），頁一八—二〇。

羅紀良，〈阿末與阿蘭〉，《蕉風》第三十六期（一九五七年四月二十五日），頁七—一六。

嚴肅，〈十年來的海外文壇〉，《中國學生周報》第五三三期（一九六二年二月二十七日），第七版。

蘇清強，〈大山腳下文風盛〉，《星洲日報・星雲》，二〇一八年二月二日。

〈讀者・作者・編者〉，《蕉風》第三期（一九五五年十二月十日），封底內頁。

〈讀者・作者・編者〉，《蕉風》第六期（一九五六年一月二十五日），封底內頁。

〈讀者・作者・編者〉，《蕉風》第七十八期（一九五九年四月），封底內頁。

〈讀者・作者・編者〉，《蕉風》第一七六期（一九六七年六月），頁二。

觀止（方修），《文藝界五年》（香港：群島出版社，一九六一）。

知識叢書 1096

《蕉風》與非左翼的馬華文學

作　　者—林春美
校　　對—蘇暉筠
浮羅人文系列主編—高嘉謙
主　　編—王育涵
資深編輯—張擎
責任企畫—林進韋
封面設計—兒日
內文排版—極翔企業有限公司

總 編 輯—胡金倫
董 事 長—趙政岷
出 版 者—時報文化出版企業股份有限公司
一〇八〇一九台北市萬華區和平西路三段二四〇號七樓
發行專線—(〇二)二三〇六六八四二
讀者服務專線—〇八〇〇二三一七〇五・(〇二)二三〇四七一〇三
讀者服務傳真—(〇二)二三〇四六八五八
郵撥—一九三四四七二四時報文化出版公司
信箱—一〇八九九臺北華江橋郵政第九十九信箱
時報悅讀網—www.readingtimes.com.tw
電子郵件信箱—ctliving@readingtimes.com.tw
人文科學線臉書—http://www.facebook.com/jinbunkagaku
法律顧問—理律法律事務所　陳長文律師、李念祖律師
印　　刷—勁達印刷有限公司
初版一刷—二〇二一年四月三十日
定　　價—新台幣三五〇元

版權所有 翻印必究(缺頁或破損的書,請寄回更換)

時報文化出版公司成立於一九七五年,並於一九九九年股票上櫃公開發行,於二〇〇八年脫離中時集團非屬旺中,以「尊重智慧與創意的文化事業」為信念。

《蕉風》與非左翼的馬華文學 / 林春美著. -- 初版. -- 臺北市:時報文
化出版企業股份有限公司, 2021.04
面;　公分. -- (知識叢書;1096)
ISBN 978-957-13-8832-8(平裝)

1.海外華文文學 2.文學史 3.馬來西亞

850.99　　　　　　　　　　　　　110004237

ISBN 978-957-13-8832-8
Printed in Taiwan